伽利略的发现以及他所应用的科学的推理方法是人类思想史上最伟大的成就之一，标志着物理学的真正开端。

——爱因斯坦

伽利略也许比任何一个人对现代科学的诞生作出的贡献都大。

——霍金

入选全国中小学生阅读指导目录

科学元典丛书·学生版

The Series of the Great Classics in Science

主　　编　任定成

执行主编　周雁翎

策　　划　周雁翎

丛书主持　陈　静　张亚如

科学元典是科学史和人类文明史上划时代的丰碑，是人类文化的优秀遗产，是历经时间考验的不朽之作。它们不仅是伟大的科学创造的结晶，而且是科学精神、科学思想和科学方法的载体，具有永恒的意义和价值。

科学元典丛书·学生版

关于两门新科学的对话

·学生版·

（附阅读指导、数字课程、思考题、阅读笔记）

[意]伽利略 著　戈革 译

图书在版编目(CIP)数据

关于两门新科学的对话：学生版/（意）伽利略著；戈革译.—北京：北京大学出版社，2021.4

（科学元典丛书）

ISBN 978-7-301-31963-5

Ⅰ.①关… Ⅱ.①伽… ②戈… Ⅲ.①材料强度—青少年读物 ②动力学—青少年读物 Ⅳ.①TB301-49 ②O313-49

中国版本图书馆 CIP 数据核字（2021）第 006161 号

书　　名	关于两门新科学的对话（学生版） GUANYU LIANGMEN XIN KEXUE DE DUIHUA （XUESHENG BAN）
著作责任者	[意] 伽利略 著　戈革 译
丛书主持	陈　静　张亚如
责任编辑	李淑方
标准书号	ISBN 978-7-301-31963-5
出版发行	北京大学出版社
地　　址	北京市海淀区成府路 205 号　100871
网　　址	http://www.pup.cn　新浪微博：@北京大学出版社
微信公众号	通识书苑（微信号：sartspku） 科学元典（微信号：kexueyuandian）
电子邮箱	编辑部 jyzx@pup.cn　总编室 zpup@pup.cn
电　　话	邮购部 010-62752015　发行部 010-62750672 编辑部 010-62767857
印 刷 者	北京中科印刷有限公司
经 销 者	新华书店
	787 毫米×1092 毫米　32 开本　7.25 印张　100 千字 2021 年 4 月第 1 版　2023 年 12 月第 2 次印刷
定　　价	38.00 元

弁　　言

Preface to the Series of the Great Classics in Science

任定成

中国科学院大学　教授

一

改革开放以来，我国人民生活质量的提高和生活方式的变化，使我们深切感受到技术进步的广泛和迅速。在这种强烈感受背后，是科技产出指标的快速增长。数据显示，我国的技术进步幅度、制造业体系的完整程度，专利数、论文数、论文被引次数，等等，都已经排在世界前列。但是，在一些核心关键技术的研发和战略性产品的生产方面,我国还比较落后。这说明,我国的技术进步赖以依靠的基础研究,亟待加强。为此,我国政府和科技界、教育界以及企业界,都在不断大声疾呼,要加强基础研究、加强基础教育!

那么,科学与技术是什么样的关系呢?不言而喻,科学是根,技术是叶。只有根深,才能叶茂。科学的目标是发现新现象、新物质、新规律和新原理,深化人类对世界的认识,为新技术的出现提供依据。技术的目标是利用科学原理,创造自然界原本没有的东西,直接为人类生产和生活服务。由此,科学和技术的分工就引出一个问题:如果我们充分利用他国的科学成果,把自己的精力都放在技术发明和创新上,岂不是更加省力?答案是否定的。这条路之所以行不通,就是因为现代技术特别是高新技术,都建立在最新的科学研究成果基础之上。试想一下,如果没有训练有素的量子力学基础研究队伍,哪里会有量子技术的突破呢?

那么,科学发现和技术发明,跟大学生、中学生和小学生又有什么关系呢?大有关系!在我们的教育体系中,技术教育主要包括工科、农科、医科,基础科学教育主要是指理科。如果我们将来从事科学研究，毫无疑问现在就要打好理科基础。如果我们将来是以工、农、医为业，现在打好理科基础，将来就更具创新能力、发展潜力和职业竞争力。如果我们将来做管理、服务、文学艺术等看似与科学技术无直接关系的工作，现在打好理科基础，就会有助于深入理解这个快速变化、高度技术化的社会。

我们现在要建设世界科技强国。科技强国“强”在哪里？不是“强”在跟随别人开辟的方向，或者在别人奠定的基础上，做一些模仿性的和延伸性的工作，并以此跟别人比指标、拼数量，而是要源源不断地贡献出影响人类文明进程的原创性成果。这是用任何现行的指标，包括诺贝尔奖项，都无法衡量的，需要培养一代又一代具有良好科学素养的公民来实现。

二

我国的高等教育已经进入普及化阶段，教育部门又在扩大专业硕士研究生的招生数量。按照这个趋势，对于高中和本科院校来说，大学生和硕士研究生的录取率将不再是显示办学水平的指标。可以预期，在不久的将来，大学、中学和小学的教育将进入内涵发展阶段，科学教育将更加重视提升国民素质，促进社会文明程度的提高。

公民的科学素养，是一个国家或者地区的公民，依据基本的科学原理和科学思想，进行理性思考并处理问题的能力。这种能力反映在公民的思维方式和行为方式上，而不是通过统计几十道测试题的答对率，或者统计全国统考成绩能够表征的。一些人可能在科学素养测评卷上答对全部问题，但经常求助装神弄鬼的“大师”和各种迷信，能说他们的科学素养高吗？

曾经，我们引进美国测评框架调查我国公民科学素养，推动“奥数”提高数学思维能力，参加“国际学生评估项目”(Programme for International Student Assessment，简称 PISA)测试，去争取科学素养排行榜的前列，这些做法在某些方面和某些局部的确起过积极作用，但是没有迹象表明，它们对提高全民科学素养发挥了大作用。题海战术，曾经是许多学校、教师和学生的制胜法宝，但是这个战术只适用于衡量封闭式考试效果，很难说是提升公民科学素养的有效手段。

为了改进我们的基础科学教育，破除题海战术的魔咒，我们也积极努力引进外国的教育思想、教学内容和教学方法。为了激励学生的好奇心和学习主动性，初等教育中加强了趣味性和游戏手段，但受到“用游戏和手工代替科学”的诟病。在中小学普遍推广的所谓“探究式教学”，其科学观基础，是20世纪五六十年代流行的波普尔证伪主义，它把科学探究当成了一套固定的模式，实际上以另一种方式妨碍了探究精神的培养。近些年比较热闹的STEAM教学，希望把科学、技术、工程、艺术、数学融为一体，其愿望固然很美好，但科学课程并不是什么内容都可以糅到一起的。

在学习了很多、见识了很多、尝试了很多丰富多彩、眼花缭乱的“新事物”之后，我们还是应当保持定力，重新认识并倚重我们优良的教育传统：引导学生多读书，好读书，读好书，包括科学之书。这是一种基本的、行之有效的、永不过时的教育方式。在当今互联网时代，面对推送给我们的太多碎片化、娱乐性、不严谨、无深度的瞬时知识,我们尤其要静下心来,系统阅读,深入思考。我们相信,通过持之以恒的熟读与精思,一定能让读书人不读书的现象从年轻一代中消失。

三

科学书籍主要有三种:理科教科书、科普作品和科学经典著作。

教育中最重要的书籍就是教科书。有的人一辈子对科学的了解,都超不过中小学教材中的东西。有的人虽然没有认真读过理科教材,只是靠听课和写作业完成理科学习,但是这些课的内容是老师对教材的解读,作业是训练学生把握教材内容的最有效手段。好的学生,要学会自己阅读钻研教材,举一反三来提高科学素养,而不是靠又苦又累的题海战术来学习理科课程。

理科教科书是浓缩结晶状态的科学,呈现的是科学的结果,隐去了科学发现的过程、科学发展中的颠覆性变化、科学大师活生生的思想,给人枯燥乏味的感觉。能够弥补理科教科书欠缺的,首先就是科普作品。

学生可以根据兴趣自主选择科普作品。科普作品要赢得读者，内容上靠的是有别于教材的新材料、新知识、新故事；形式上靠的是趣味性和可读性。很少听说某种理科教科书给人留下特别深刻的印象，倒是一些优秀的科普作品往往影响人的一生。不少科学家、工程技术人员，甚至有些人文社会科学学者和政府官员，都有过这样的经历。

当然，为了通俗易懂，有些科普作品的表述不够严谨。在讲述科学史故事的时候，科普作品的作者可能会按照当代科学的呈现形式，比附甚至代替不同文化中的认识，比如把中国古代算学中算法形式的勾股关系，说成是古希腊和现代数学中公理化形式的"勾股定理"。除此之外，科学史故事有时候会带着作者的意识形态倾向，受到作者的政治、民族、派别利益等方面的影响，以扭曲的形式出现。

科普作品最大的局限，与教科书一样，其内容都是被作者咀嚼过的精神食品，就失去了科学原本的味道。

原汁原味的科学都蕴含在科学经典著作中。科学经典著作是对某个领域成果的系统阐述，其中，经过长时间历史检验，被公认为是科学领域的奠基之作、划时代里程碑、为人类文明做出巨大贡献者，被称为科学元典。科学元典是最重要的科学经典，是人类历史上最杰出的科学家撰写的，反映其独一无二的科学成就、科学思想和科学方法的作品，值得后人一代接一代反复品味、常读常新。

科学元典不像科普作品那样通俗，不像教材那样直截了当，但是，只要我们理解了作者的时代背景，熟悉了作者的话语体系和语境，就能领会其中的精髓。历史上一些重要科学家、政治家、企业家、人文社会学家，都有通过研读科学元典而从中受益者。在当今科技发展日新月异的时代，孩子们更需要这种科学文明的乳汁来滋养。

现在，呈现在大家眼前的这套“科学元典丛书”，是专为青少年学生打造的融媒体丛书。每种书都选取了原著中的精华篇章，增加了名家阅读指导，书后还附有延伸阅读书目、思考题和阅读笔记。特别值得一提的是，用手机扫描书中的二维码，还可以收听相关音频课程。这套丛书为学习繁忙的青少年学生顺利阅读和理解科学元典,提供了很好的入门途径。

四

据 2020 年 11 月 7 日出版的医学刊物《柳叶刀》第 396 卷第 10261 期报道,过去 35 年里,19 岁中国人平均身高男性增加 8 厘米、女性增加 6 厘米,增幅在 200 个国家和地区中分别位列第一和第三。这与中国人近 35 年营养状况大大改善不无关系。

一位中国企业家说,让穷孩子每天能吃上二两肉,也许比修些大房子强。他的意思,是在强调为孩子提供好的物质营养来提升身体素养的重要性。其实,选择教育内容也是一样的道理,给孩子提供高营养价值的精神食粮,对提升孩子的综合素养特别是科学素养十分重要。

理科教材就如谷物,主要为我们的科学素养提供足够的糖类。科普作品好比蔬菜、水果和坚果,主要为我们的科学素养提供维生素、微量元素和矿物质。科学元典则是科学素养中的“肉类”,主要为我们的科学素养提供蛋白质和脂肪。只有营养均衡的身体,才是健康的身体。因此,理科教材、科普作品和科学元典,三者缺一不可。

长期以来,我国的大学、中学和小学理科教育,不缺"谷物"和"蔬菜瓜果",缺的是富含脂肪和蛋白质的"肉类"。现在,到了需要补充"脂肪和蛋白质"的时候了。让我们引导青少年摒弃浮躁,潜下心来,从容地阅读和思考,将科学元典中蕴含的科学知识、科学思想、科学方法和科学精神融会贯通,养成科学的思维习惯和行为方式,从根本上提高科学素养。

我们坚信,改进我们的基础科学教育,引导学生熟读精思三类科学书籍,一定有助于培养科技强国的一代新人。

2020年11月30日

北京玉泉路

目　录

上　　篇

阅读指导

Guide Readings

伽利略和他的科学贡献

《关于两门新科学的对话》是一部什么样的书

伽利略和他的科学贡献

王渝生

中国科学院自然科学史研究所 研究员

（一）

伽利略（Galileo Galilei，1564—1642），意大利物理学家和天文学家。他开创了以观察和实验的事实为基础，并具有严密逻辑推理和数学表述形式的近代科学，因此被誉称为“近代科学之父”。

1564年2月15日，伽利略诞生于比萨一个布商的家里。他的父亲喜欢音乐，而他从小就酷爱机械、数学、诗画，喜欢做水磨、风车、船舶模型。然而父亲还是把他送到修道院学习哲学和宗教。

1581年，17岁的伽利略遵父命考入比萨大学学习医学,但他的兴趣还是在物理学和数学方面。他特别崇拜古希腊哲学家阿基米德。阿基米德的物理实验和数学推理相结合的方法使他深受感染,他深情地说:"阿基米德是我的老师。"

伽利略善于观察客观世界,发现事物运动的规律。他认为"运动的问题非常古老,而有意义的研究竟如此可怜"。所以,当他在比萨大教堂做礼拜时,看到悬挂在教室顶端的大吊灯在摆动,有时摆弧大一些,有时摆弧小一些,他就思考摆弧的大小与时间长短是否有关。在大吊灯有规律地摆动时,他利用自己脉搏的跳动,以及唱诗班音乐的节拍,计算不同摆弧摆动的时间,结果发现它们的时间是完全一样的。

伽利略并不满足于观察所得到的结论,他还要回到家里去做实验验证。

第一个实验:他用两根同样长的线绳各系一个铅球做自由摆动,他把两个摆拉到偏离铅垂线不同的角度,例如30°和10°,然后同时放手。他看到这两个摆在同一时间间隔内摆动次数准确相等。第二个实验:他用两根长度不同的线绳各系上一个铅球做自由摆动,他把两个摆拉到偏离铅垂线相同的角度，然后放开，发现在同一时间间隔内短摆摆动的次数比长摆摆动的次数多，而且无论在大角度和小角度的情况下，多出的次数都相同。

通过以上两个实验，伽利略得出单摆的周期只与摆长有关而与振幅无关的结论。这年是 1583 年，伽利略只有 19 岁。他还利用单摆绳长的调节和标度自己做了第一件实用仪器——脉搏计。

1585 年，21 岁的伽利略因家庭生活困难不得不退学回家。他在佛罗伦萨担任家庭教师并努力自学。他从学习阿基米德《论浮体》和杠杆定律以及称金冠的故事中受到启发，把纯金、银的重量与体积列表后刻在秤上，利用它们比重的不同，在合金制品的称量时能快速读出金银的成色。这种“浮力天平”用于金银交易十分方便。1586 年他的第一篇论文《天平》记述了这一杰作，这在当时引起轰动，伽利略被誉为“当代的阿基米德”，其时他年仅 22 岁。

（二）

1589 年，25 岁的伽利略又写了一篇论文《论固体的重心》,这使他获得了新的荣誉。他被母校比萨大学聘请为数学教授,在那里,他执教了 3 年。

比萨是意大利西部的古城,在阿尔诺河河口西岸,距利古里亚海仅 10 千米。比萨城有许多中世纪的古迹。著名的比萨斜塔始建于 1174 年,但直到 1350 年才最后完成。这是一座由白色大理石砌成、外观呈圆柱形的钟塔,直径约 16 米,高约 55 米,分为 8 层。因奠基不慎,致使塔身倾斜,成为斜塔。比萨斜塔和比萨大教堂及洗礼堂组成的建筑群,是意大利中世纪最重要的建筑群之一。比萨大学建于 1343 年,在伽利略时代,它同比萨斜塔一起已经经历了 200 多年的历史沧桑。

比萨斜塔的著名,不仅在于它的“斜”,还在于它建成 240 年后,身为比萨大学数学教授的伽利略,传说在它上面进行了一项亘古未有的自由落体实验。

事情源于年轻的伽利略对古希腊哲学家亚里士多德关于下落物体运动学说的怀疑。一向被奉为权威的亚里士多德认为,下落物体在下落过程中其速度保持不变,而且下落的速度同物体的重量成正比。

按照亚里士多德的学说,从同一高度上下落,重的物体将比轻的物体先落地。尽管这个结论看上去似乎合乎逻辑，并且上千年以来已经被人们所接受，但是如不进行实验，伽利略就不会接受亚里士多德的学说。伽利略说："一个真理要成为真理，除非我们对可以测量的真理进行了测量，并使不能测量的真理能够测量。"

带着这样的信念，伽利略爬上比萨斜塔的塔顶。他把一个轻的木球和一个重得多的铁球，在塔顶同一高度水平处同时放手，发现它们几乎同时落地。他又把同样的木球和铁球用绳子拴在一起，同单个的木球和单个的铁球一起放手，发现三者也几乎同时落地。而按照亚里士多德的观点，它们应该是有明显的先后差别的——例如，5 千克重的木球、10 千克重的铁球，以及 15 千克重的木球和铁球，后者的速度分别是前者和中者的 3 倍和 1.5 倍，但事实并非如此。

不过，科学史家认为，伽利略从未在比萨斜塔上做过这个实验，这个故事是后人为了提高比萨城的知名度而杜撰的。但伽利略的确多次做过落体实验，又用实验证明物体在下落的过程中，速度一直在增加并具有相同的加速度，从而建立了落体定律，成为经典力学和实验物理学的先驱。

伽利略的一系列成就使他声名大噪。但他年轻气盛,锋芒毕露,因此得罪了保守的权贵们,使他最终在人身攻击和恶意中伤中不得不被迫辞职。

1592 年,28 岁的伽利略在帕多瓦大学谋到一个教授职位,再次登上讲坛。该校所在地属于威尼斯共和国管辖,学术气氛比较浓厚,思想比较自由。伽利略在这里安心工作达 18 年之久,进入他在物理学特别是力学研究的黄金时代,同时在天文学研究方面也崭露头角。

伽利略不仅发现了摆振动的等时性、自由落体定律,还发现了物体的惯性定律、抛体运动规律,并确定了力学相对性原理,即一切力学定律在不同惯性参考系中具有相同的形式。这一力学的基本原理后来被称为“伽利略相对性原理”,它是更为普遍的“爱因斯坦相对性原理”的一个特例,反映了人们在认识时间、空间和物质运动性质上的一个阶段,具有里程碑意义。

(三)

1604 年 10 月,当伽利略正在完善他的力学论著时,一颗超新星出现在傍晚的天空，这使40岁的伽利略对天文学产生了兴趣。

伽利略发现，天文学一直依赖于精心细致的测量，而此前的物理学常常只有定性的描述，缺乏实验测量和数学归纳。从此，他更加把观察、实验、测量、数学作为他从事科学研究的基础。

1608年，荷兰一位眼镜匠的儿子在玩耍时偶然发现，透过两块眼镜镜片可以使远处的物体显得很近。眼镜匠根据这一现象，将两块镜片装在一根长管的两头，制成了最初的望远镜。

1609年7月，伽利略访问威尼斯时才得知这个消息。他当即认识到，一架这样的望远镜对于威尼斯的重要性并不亚于一支海军，因为利用它监视海上的入侵船只可以比训练有素的瞭望员用肉眼观察要好。伽利略立即从眼镜铺里买来凸镜片和凹镜片，制成可以放大两三倍的望远镜。1个月后，他制作的第2台望远镜已经可以放大七八倍了。

伽利略把这架望远镜安置在威尼斯最大的教堂，邀请当时的专家学者和贵族前往参观，新奇的科学创造获得人们极大的赞赏，当然也使那些在没有关好窗户的房间里洗浴的贵妇们产生了极大的惊恐。

经过伽利略的继续改进，第3架望远镜可以放大到20倍；到了1609年年底，他完成的第4架望远镜已经可以放大30倍了。从此，人们获得探索星空世界的强有力工具，人类的视线得以深向宇宙。

伽利略首先将望远镜对准月亮。在晴朗的夜空，他发现光亮圆美的月亮上竟然有平原、山脉和火山口。他高兴得难以自持，激动地绘出第一幅月面图。

1610年1月7日，伽利略将望远镜对准木星，发现有4个光点伴随木星运动，他很快便意识到这是木星的卫星。他断言，木卫绕木星运转，而木星又绕太阳公转，就如同月亮绕地球运转，而地球带着月亮又绕太阳公转一样。这一发现震动了整个欧洲，它为哥白尼学说找到了有力的证据，是哥白尼学说胜利的开端。

当伽利略把望远镜对准金星时，观测到金星也有成蛾眉月的形状，这使他感到十分惊讶。后来，他终于弄清这是金星位相的变化。内行星也存在位相变化这一观测事实，再次为哥白尼学说提供了令人信服的证据。

伽利略还观测到土星呈橄榄状，他认为这说明土星有卫星，后来的科学家才知道那是土星的光环。

伽利略斗胆将望远镜对准太阳，竟然发现太阳黑子在太阳圆面上的位置朝着一个方向连续变化，这说明太阳本身也具有类似于地球自转的旋转运动。

当伽利略把望远镜指向更遥远的星空时，发现天上星星的数目比肉眼看到的多得多；而从望远镜里看到的银河也不再是一条光带，是若干独立的小星。

伽利略把他在天文学上的这些发现，写成《星体通报》发表，并于 1610 年 3 月汇集成《星际使者》一书，在知识界引起极大反响。虽然当时大多数哲学家和天文学家声称那只是光学幻影，嘲笑他，甚至谴责他在作假。但开普勒等天文学家，通过使用望远镜进行天文观测，最终证实了伽利略的发现，也肯定了伽利略在开辟近代天文学中的重要作用。

(四)

1610 年，46 岁的伽利略离开他任教达 18 年之久的帕多瓦大学,移居佛罗伦萨,任托斯康大公爵的首席数学家兼哲学家(即物理学家),一直到 1642 年他去世时为止,整整 32 年。

在这期间,伽利略的研究重点从物理学转向天文学。他进行天文观测、编制星表,研究太阳黑子现象和潮汐理论,还在各种场合对各种学术团体宣讲哥白尼的日心学说,反对亚里士多德和托勒密的地心学说。

1616 年,宗教法庭把哥白尼的《天体运行论》列为禁书,并警告伽利略必须放弃哥白尼学说,不得为它辩护,否则将被监禁。但是,伽利略并没有被吓倒,他用很长时间思考、分析、研究,最终写成著作《关于托勒密和哥白尼两大世界体系的对话》,于 1632 年正式出版发行。这是近代天文学三部最伟大的文献之一。另外两部是此前哥白尼的《天体运行论》(1543)和此后牛顿的《自然哲学之数学原理》(1687)。

《关于托勒密和哥白尼两大世界体系的对话》采用对话的形式,由两位分别代表托勒密地心说和哥白尼日心说的学者去争取无偏见的第三种力量。对话分四天进行。第一天以讨论亚里士多德对天上物质和元素物质的分类，以及它们相关的运动拉开序幕，讨论新的天文发现——主要是月球表面的地貌以及山脉和火山口光照的连续变化。第二天主要证明地球自转的假说，伽利略以运动的相对性和守恒性为依据。第三天谈到地球绕太阳公转，伽利略在这里做了动力学解释。第四天讨论潮汐，如果没有地球运动，除祈求发生奇迹外，再也没有别的办法可以解释大海周而复始的潮汐运动。

《关于托勒密和哥白尼两大世界体系的对话》于1632年3月出版，该年8月就被罗马宗教法庭下令停售，伽利略也被传受审。其实，这个结果伽利略早就预料到了，他在《关于托勒密和哥白尼两大世界体系的对话》中说：

> “请各位神学家注意，在你们企图把关于太阳不动或地球不动的命题看成是关系到信仰的问题时，就存在着一种危险，即总有一天你们会把那些声称地球不动而太阳在改变位置的人判为异端。但是，终究有一天会被物理学或逻辑学证明：地球在运动，而太阳是静止的。”

(五)

伽利略于1633年2月到达罗马,3月12日开始接受审判。

请看审判者是怎样驳斥伽利略的观点的,这是当时的记录:

> 伽利略:“太阳是宇宙的中心。”
>
> 驳:“大家一致认为,根据《圣经》经文和神父、神学博士的解释,这个命题在哲学上是愚蠢的和荒谬的,它与《圣经》所表达的意见相抵触,因此在形式上是异端。”
>
> 伽利略:“地球既不是宇宙的中心,也不是不动的,而是做整体和周日运动。”
>
> 驳:“大家一致认为,这个命题在哲学上也是愚蠢的和荒谬的,考虑到神学的真实性,它在信仰上是错误的。”

天文学的问题不是从科学上,而是从哲学、宗教和信仰上受到责难,真是奇怪!但也不奇怪,因为中世纪欧洲的神学统治,使科学成为神学的奴婢。1633 年 6 月 22 日,年近七旬的伽利略在严刑审讯下被迫在“悔过书”上签字,他一边用颤抖的右手签字,一边喃喃地嘟囔道:“但是,地球仍然在转动。”

伽利略被判终身监禁。后来他被软禁在指定的住所。他的精神受到了很大的打击,但他的女儿鼓励他,写信对他说:

“不要说你的名字已从世人中消失,因为事实并非如此。你的名字无论是在你的祖国,还是在世界其他各国都是不可磨灭的。而且在我看来,如果你的名誉和声望一时受到损害,那么不久你就会享有更高的声誉。”

这使伽利略受到很大鼓舞。他在软禁中又开始进行科学写作,这次不是天文学,而是回到他早年感兴趣的物理学领域。

1638 年,伽利略出版了《关于两门新科学的对话》,讨论了材料强度和运动定律这两个物理学的基本问题,并奠定了物质运动的数学基础。

当《关于两门新科学的对话》在荷兰出版时，伽利略已完全失明。对他而言，丧失视力是一种特殊的折磨，因为他不仅再不能读书或写作，而且再也不能观察宇宙和世界。他感伤地自述道：

"我再也看不到光明了，以致这天空、这大地、这由于我的惊人发现和清晰证明之后比以前智者所相信的世界扩大了千百倍的宇宙，对我来说，这时已变得如此狭小，只能留在我的感觉中了。"

1642年1月8日，78岁的伽利略因热病逝世。

几天以后，当年曾拒绝在伽利略判决书上签字的红衣主教巴贝里尼的管家霍尔斯特，在一封写给朋友的信中说：

"今天传来了伽利略去世的噩耗，这噩耗不仅会传遍佛罗伦萨，而且会传遍全世界。这位天才人物给我们这个世纪增添了光彩，这是几乎所有平凡的哲学家都无法比拟的。现在，嫉妒平息了，这位智者的伟大开始为人们所知，他的精神将引导子孙后代去追求真理。"

300多年后的1979年，罗马教皇约翰·保罗二世提出为伽利略恢复名誉，1980年由他任命的一个委员会承认当时宗教裁判对伽利略的判决是错误的。今天，为伽利略“平反”似乎是荒唐之举，但它表明了人类对于自身的反省。人们会从伽利略的命运中得到有益的启示。

《关于两门新科学的对话》是一部什么样的书

关洪

中山大学物理系 教授

伽利略于 1632 年出版了《关于托勒密和哥白尼两大世界体系的对话》,1636 年写成了另一部著作《关于两门新科学的对话》。由于罗马教廷那时候已经给他判了罪,这部书在意大利出版有困难,伽利略于是请朋友把手稿带出去,并于 1638 年,即他逝世前四年在荷兰莱顿首次出版。这也是他最后和最重要的一部著作。

《关于两门新科学的对话》仍采用三人对话的形式写成,三位对话者与《关于托勒密和哥白尼两大世界体系的对话》相同,即萨耳维亚蒂(作为伽利略本人的代言人)、辛普里修(一位亚里士多德学说的诠释者)和萨格利多(一位开明的受教育的普通人),全书共分四个部分,即“四天”。在书中,伽利略改进了他以前对运动以及力学原理的研究,集中讨论了两门科学,即材料强度的研究和运动的研究。

“材料力学”的先声

伽利略这部著作的“第一天”里,包括了许多内容。他一开始谈的是材料的强度,这个论题在“第二天”里有详细的论述,实际上是“材料力学”这门学科的先声。然后是关于真空的讨论,他在这里记载了用水泵抽水只能够抽到一个极限高度的经验事实,表示了对于亚里士多德“自然拒斥真空”信条的怀疑。接着,在关于物体是无限可分还是有限可分的讨论之后,他又叙述了他自己设计并且实行过的一种测定光的传播速度是无限还是有限的实验。

在“第一天”里,伽利略着重讨论了亚里士多德关于重的物体下落得比轻的物体快得多的说法。他说自己曾经做过实验,观察到从高处下落的一个100磅的炮弹和一颗半磅的子弹是差不多同时落地的,不过他没有讲是不是像传说那样在比萨斜塔上扔下来的。伽利略还用一个重的物体可以看作是由两个较轻的物体组合而成的例子,成功地在逻辑上反驳了亚里士多德。然而,他也没有简单地完全否定亚里士多德的说法,而是将其试图解释为那是在稠密介质中落下的规律。

在“第一天”的最后,伽利略还从观察教堂里的吊灯摆动的等时性开始,进一步讨论共振现象,并且由他自己设计的一个在不同的激发条件下,从容器里的水面(或者铜板上)纹波疏密比例与先后发出的声音对比的实验,判定描写音高的物理量应当是频率。这真是一项了不起的成就。其实,我国在伽利略之前几百年,早就制造出如今在许多旅游景点都不难见到其踪影的“鱼洗”,它实际上是与伽利略的实验器具性质类似的一种声学仪器。我曾经亲自观察到一具仿古鱼洗,当其振动频率的比为2∶3时,先后发出的“嗡”声音高差一个五度音程。那么,假如我们的祖先具有伽利略的头脑,本来也是可以发现这一规律的。

爱因斯坦在为伽利略的《关于托勒密和哥白尼两大世界体系的对话》英译本写的序言里特别指出："常听人说，伽利略之所以成为近代科学之父，是由于他以经验的、实验的方法来代替思辨的、演绎的方法。但我认为，这种理解是经不起严格审查的。任何一种经验方法都有其思辨概念和思辨体系……把经验的态度同演绎的态度截然对立起来，那是错误的，而且也不代表伽利略的思想。"

所以，真正重要的不在于伽利略做了什么实验，而在于他为什么想到要做这些实验。因为，伽利略既然是近代科学的开创者，他手上就不可能有什么近代的科学仪器。唯一的例外是伽利略听到荷兰人发明了望远镜之后，自己动手制作的天文望远镜。不过在他的望远镜提供了《关于托勒密和哥白尼两大世界体系的对话》的不少论据之时，同《关于两门新科学的对话》却没有多少关系。上面提到的落体实验、声学实验、对摆动的观察，以及在"第三天"里谈到的斜面实验，等等，需要的器材是那么简单，任何一个同时代的，甚至是早得多的文明古国都可以办得到，问题是有没有人想得到而已。

伽利略关于测量光速的实验原理上完全正确,只是由于当时未掌握高精度的测量手段而没有得到确定的结论。还有一个类似的例子,两百年前数学家和测量师高斯为了验证我们所处的空间是否为欧几里得空间,曾经测量过以三座山峰为顶点的一个三角形的内角和是否等于 180 度,也是因为仪器的精确度不够而没有得到确定的结论。他们为什么要做这种事,正是受到探究自然界奥秘的科学精神的驱使。如果仅仅把科学定位成用来制造产品的生产力,那是不可能想到要做这一类实验的。我以为,这应该是我们从《关于两门新科学的对话》里得到的最重要的思想上的启迪。

铺平“动力学”道路的先驱

《关于两门新科学的对话》的“第三天”的标题是“位置的变化　地上的运动”。按照伽利略自己的介绍,这里依次谈了“稳定的或匀速的”运动,“在自然界发现的加速运动”即匀加速运动,以及“抛射运动”。其中最后一部分即“抛体的运动”,实际上是在“第四天”里讨论的课题。

法沃罗写的《序言》里把伽利略这方面的论述仅仅称为“运动理论”或者“运动的科学”，但在《英译者前言》里却说是“动力学”，而《中译者的话》里更是说“伽利略是开创动力学的第一人”和“这本书的大部分是他关于落体、抛体和动力学基本规律方面研究的总结”。

我以为，法沃罗的说法更接近于伽利略的原意。例如，上面已经提到，伽利略没有把匀加速运动称为“在重力作用下的加速运动”，而仅仅说是“在自然界发现的加速运动”，就不像是一种动力学的表述，因为“动力学”的现代意义不仅仅是关于运动的描写，而是研究“物体受到相互作用时的运动变化”。而且，伽利略还在书中明确地宣称“现在似乎还不是考察自由运动之加速原因的适当时刻……在目前，我们这位作者的目的仅仅是考察并证明加速运动的某些性质(不论这种加速的原因是什么)”。(见本书第 52 页)

伽利略这样小心翼翼地尽量避免谈论加速的原因，显然是为了与亚里士多德的“四因说”划清界限。不过，伽利略关于几种运动形式的研究，已经把读者带到了真正的动力学的大门。他们走到这里,只需要再迈出一步,就可以进入动力学的领域。所以,与其把伽利略称为动力学的创始人,不如说他是铺平了通向动力学的道路的先驱。

还有一个有趣的问题。在伽利略寻求“自然加速运动”的规律时,做出了从静止出发的这种运动的速度不可能与经过的路程成比例的逻辑论证。可是,这种论证是不对的,因为路程与时间的指数成比例的运动就具有这种性质。不过这也不能怪伽利略,因为那时候还没有发明在后一种推导里需要用到的微积分,所以他在论证中未能区别平均速度和瞬时速度这两个概念。

除此之外,伽利略在这部著作里关于几种运动形式的讨论还是比较清楚的,读者们不难自行阅读和领会。而且,伽利略也没有把上述逻辑论证作为唯一的依据,最后还是用自己设计的斜面实验来验证他关于在“自然加速运动”里速度与时间成比例的假定的。

中　篇

关于两门新科学的对话(节选)

Dialogues Concerning Two New Sciences

引　言

对话人：萨耳维亚蒂（简称“萨耳”）

萨格利多（简称“萨格”）

辛普里修（简称“辛普”）

我的目的是要推进一门很新的科学，它处理的是一个很老的课题。在自然界中，也许没有任何东西比运动更古老。关于此事，哲学家们写的书是既不少也不小的。尽管如此，我却曾经通过实验而发现了运动的某些性质，它们是值得知道的，而且迄今还不曾被人们观察过和演示过。有些肤浅的观察曾被做过，例如，一个重的下落物体的自由运动(naturalem motum)[①]是不断加

① 在这儿，作者的“natural motion”被译成了“自由运动”，因为这是今天被用来区分文艺复兴时期的“natural motion”和“violent motion”的那个名词。——英译者

速的;但是,这种加速到底达到什么程度,却还没人宣布过;因为,就我所知,还没有任何人曾经指出,从静止开始下落的一个物体在相等的时段内经过的距离之间的比例是从 1 开始的奇数。①

人们曾经观察到,炮弹或抛射体将描绘某种曲线路程,然而却不曾有人指出一件事实,即这种路程是一条抛物线。但是这一事实的其他为数不少和并非不值一顾的事实,我却在证明它们方面得到了成功,而且我认为更加重要的是,现在已经开辟了通往这一巨大的和最优越的科学的道路;我的工作仅仅是开始,一些方法和手段正有待于比我更加头脑敏锐的人们用其去探索这门科学的更遥远的角落。

这种讨论分成三个部分。第一部分处理稳定的或匀速的运动;第二部分处理我们在自然界发现其为加速的运动;第三部分处理所谓“剧烈的”运动以及抛射体。

---

① 这个定理将在下文中证明。——英译者

匀速运动

在处理稳定的或匀速的运动时,我们只需要一个定义。我给出此定义如下:

定　义

所谓稳定运动或匀速运动,是指那样一种运动,粒子在运动中在任何相等的时段中通过的距离都彼此相等。

注　意

旧的定义把稳定运动仅仅定义为在相等的时间内经过相等的距离。在这个定义上,我们必须加上"任何"二字,意思是"所有的"相等时段,因为,有可能运动物体将在某些相等的时段内走过相等的距离,不过在这些时段的某些小部分中走过的距离却可能并不相等,即使时段是相等的。

由以上定义可以得出如下四条公理：

公 理 1

在同一匀速运动的事例中,在一个较长的时段中通过的距离大于在一个较短的时段中通过的距离。

公 理 2

在同一匀速运动的事例中,通过一段较大距离所需要的时间长于通过一段较小距离所需要的时间。

公 理 3

在同一时段中,以较大速率通过的距离大于以较小速率通过的距离。

公 理 4

在同一时段中,通过一段较长的距离所需要的速率大于通过一段较短距离所需要的速率。

定理 1　命题 1

如果一个以恒定速率而匀速运动的粒子通过两段距离,则所需时段之比等于该二距离之比。

设一粒子以恒定速率匀速运动而通过两段距离 AB 和 BC,并设通过 AB 所需要的时间用 DE 来代表,通过 BC 所需要的时间用 EF 来代表;于是我就说,距离 AB 和距离 BC 之比等于时间 DE 和时间 EF 之比。

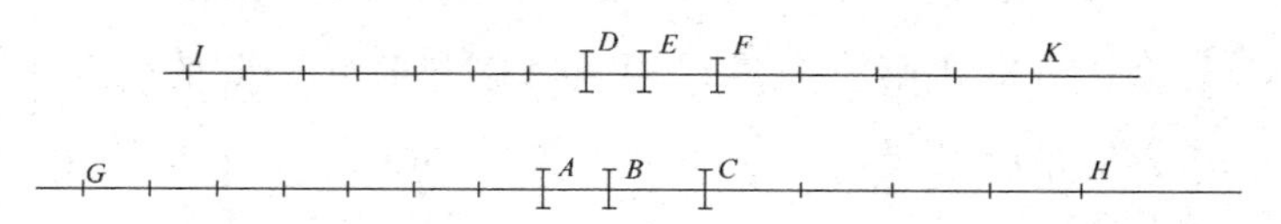

设把距离和时间都向着 G、H 和 I、K 前后延伸。将 AG 分成随便多少个等于 AB 的间隔,而且同样在 DI 上画出数目相同的等于 DE 的时段。另外,再在 CH 上画出随便多少个等于 BC 的间隔,并在 FK 上画出数目正好相同的等于 EF 的时段;这时距离 BG 和时间 EI 将等于距离 BA 和时间 ED 的任意倍数;同样,距离 HB 和时间 KE 也等于距离 CB 和时间 FE 的任意倍数。

而且既然 DE 是通过 AB 所需要的时间,整个的时间 EI 将是通过整个距离 BG 所需要的;而且当运动是匀速的时候,EI 中等于 DE 的时段个数就将和 BG 中等于 BA 的间隔数相等,而且同样可以推知 KE 代表通过 HB 所需要的时间。

然而,既然运动是匀速的,那就可以得到,如果距离 GB 等于距离 BH,则时间 IE 也必等于时间 EK;而且如果 GB 大于 BH,则 IE 也必大于 EK;而且如果小于,则也小于。[①] 现在共有四个量:第一个是 AB,第二个是 BC,第三个是 DE,而第四个是 EF;距离 GB 和时间 IE 是第一个量和第三个量即距离 AB 和时间 DE 的任意倍。但是已经证明,后面这两个量全都或等于或大于或小于时间 EK 和距离 BH 而 BH 和 EK 是第二个量和第四个量的任意倍数。因此,第一个量和第二个量即距离 AB 和距离 BC 之比,等于第三个量和第四个量即时间 DE 和时间 EF 之比。

证毕。

---

① 伽利略在此所用的方法,是欧几里得在其《几何原本》(*Elements*)第五卷中著名的定义 5 中提出的方法。参见《大英百科全书》“几何学”条目,第十一版第 683 页。——英译者

定理 2　命题 2

如果一个运动粒子在相等的时段内通过两个距离，则这两个距离之比等于速率之比。而且反言之，如果距离之比等于速率之比，则二时段相等。

参照第 31 页图，设 AB 和 BC 代表在相等的时段内通过的两段距离，例如，设距离 AB 是以速度 DE 被通过的，而距离 BC 是以速度 EF 被通过的。那么，我就说，距离 AB 和距离 BC 之比等于速度 DE 和速度 EF 之比。因为，如果像以上那样取相等倍数的距离和速率，即分别取 AB 和 DE 的 GB 和 IE，并同样地取 BC 和 EF 的 HB 和 KE，则可以按和以上相同的方式推知，倍数量 GB 和 IE 将同时小于、等于或大于倍数量 BH 和 EK。

由此本定理即得证。

定理 3　命题 3

在速率不相等的事例中，通过一段距离所需要的时段和速率成反比。

设两个不相等的速率中较大的一个用 A 来表示，其较小的一个用 B 来表示，并设和二者相对应的运动通过给定的空间 CD。

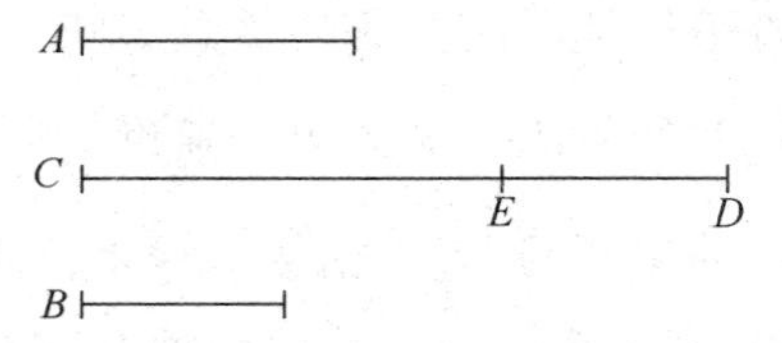

于是我就说，以速率 A 通过距离 CD 所需要的时间和以速率 B 通过同一距离所需要的时间之比等于速率 B 和速率 A 之比。因为，设 CD 比 CE 等于 A 比 B，则由前面的结果可知，以速率 A 通过距离 CD 所需要的时间和以速率 B 通过距离 CE 所需要的时间相同；但是，以速率 B 通过距离 CE 所需要的时间和以相同的速率通过距离 CD 所需要的时间之比，等于 CE 和 CD 之比。

因此,以速率A通过CD所需要的时间和以速率B通过CD所需要的时间之比,就等于CE和CD之比,也就是等于速率B和速率A之比。

证毕。

定理 4　命题 4

如果两个粒子在进行匀速运动，但是可有不同的速率，在不相等的时段中由它们通过的距离之比，将等于速率和时间的复合比。

设进行匀速运动的两个粒子为 E 和 F，并设物体 E 的速率和物体 F 的速率之比等于 A 和 B 之比；但是却设 E 的运动所费时间和 F 的运动所费时间之比等于 C 和 D 之比。

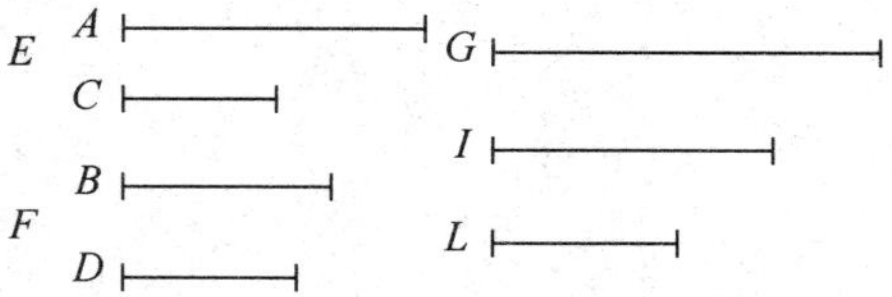

于是我就说，E 在时间 C 内以速率 A 而通过的距离和 F 在时间 D 内以速率 B 而通过的距离之比，等于速率 A 和速率 B 之比乘以时间 C 和时间 D 之比而得到的乘积。因为，如果 G 是 E 在时段 C 中以速率 A 而通过的距离，而且如果 G 和 I 之比等于速率 A 和速率 B

之比,而且如果也有时段 C 和时段 D 之比等于 I 和 L 之比,那么就可以推知,I 就是在 E 通过 G 的相同时间内 F 所通过的距离,因为 G 比 I 等于速率 A 比速率 B。而且,既然 I 和 L 之比等于时段 C 和 D 之比,如果 I 是 F 在时段 C 内通过的距离,则 L 将是 F 在时段 D 内以速率 B 通过的距离。

但是 G 和 L 之比是 G 和 I 的比值与 I 和 L 的比值的乘积,也就说是速率 A 和速率 B 之比与时段 C 和时段 D 之比的乘积。

证毕。

定理 5　命题 5

如果两个匀速运动的粒子以不同的速率通过不相等的距离，则所费时间之比等于距离之比乘以速率的反比。

设两个运动粒子用 A 和 B 来代表，并设 A 的速率和 B 的速率之比等于 V 和 T 之比；同样，设所通过的两个距离之比等于 S 和 R 之比。于是我就说，A 的运动所需要的时段和 B 的运动所需要的时段之比，等于速率 T 和速率 V 之比乘以距离 S 和距离 R 之比所得的乘积。

设 C 为 A 的运动所占据的时段，并设时段 C 和时段 E 之比等于速率 T 和速率 V 之比。

A　V　S
B　T　R
C　E　G

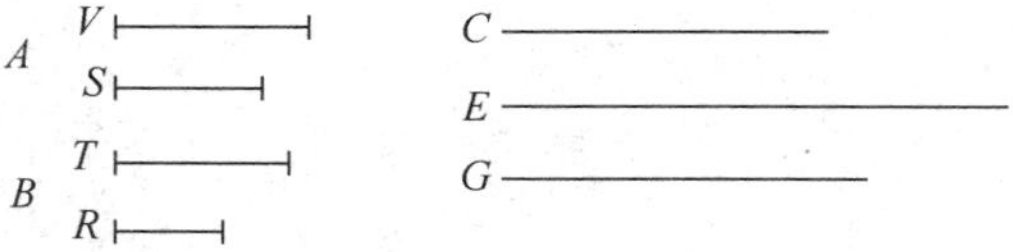

而且，既然 C 是 A 以速率 V 在其中通过距离 S 的

时段,而且 B 的速率 T 和速率 V 之比等于时段 C 和时段 E 之比,那么 E 就应是粒子 B 通过距离 S 所需要的时间。如果现在我们令时段 E 和时段 G 之比等于距离 S 和距离 R 之比,则可以推知 G 是 B 通过距离 R 所需要的时间。C 和 G 之比等于 C 和 E 之比乘以 E 和 G 之比而得到的乘积(同时也有 C 和 E 之比等于 A 和 B 的速率的反比,这也就是 T 和 V 之比);而且,E 和 G 之比与距离 S 和 R 之比相同。命题就已证明。

定理 6　命题 6

如果两个粒子是做匀速运动的,则它们的速率之比等于它们所通过的距离之比乘以它们所占用的时段之反比而得到的乘积。

设 A 和 B 是以均匀速率运动的两个粒子,并设它们各自通过的距离之比等于 V 和 T 之比,但是却设各时段之比等于 S 和 R 之比。于是我就说,A 的速率和 B 的速率之比等于距离 V 和距离 T 之比乘以时段 R 和时段 S 之比而得到的乘积。

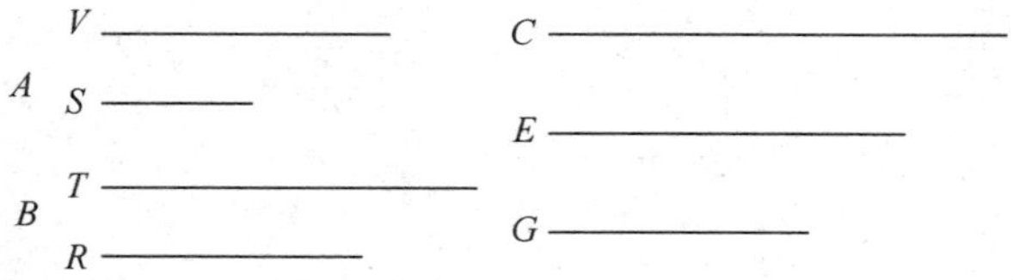

A: V, S　B: T, R　C　E　G

设 C 是 A 在时段 S 内通过距离 V 的速率,并设速率 C 和另一个速率 E 之比等于 V 和 T 之比;于是 E 就将是 B 在时段 S 内通过距离 T 的速率。如果现在速率 E 和另一个速率 G 之比等于时段 R 和时段 S 之比,则 G

将是 B 在时段 R 内通过距离 T 的速率。于是我们就有粒子 A 在时段 S 内通过距离 V 的速率 C，以及粒子 B 在时段 R 内通过距离 T 的速率 G。C 和 G 之比等于 C 和 E 之比乘以 E 和 G 之比而得出的乘积；根据定义，C 和 E 之比就是距离 V 和距离 T 之比，而 E 和 G 之比就是 R 和 S 之比。由此即得命题。

萨耳：以上就是我们的作者所写的关于匀速运动的内容。现在我们过渡到重的下落物体所经受到的那种自然加速的运动。下面我们开始讨论。

自然加速的运动

属于匀速运动的性质已经在上节中讨论过了,但是加速运动还有待考虑。

首先,看来有必要找出并解释一个最适合自然现象的定义。因为,任何人都可以发明一种任意类型的运动并讨论其性质。例如,有人曾经设想螺线或蚌线是由某些在自然界中遇不到的运动所描绘的,而且曾经值得称赞地确定了它们根据定义所应具有的性质;但是我们却决定考虑在自然界中实际发生的那种以一个加速度下落的物体的现象,并且把这种现象弄成表现观察到的加速运动之本质特点的加速运动的定义。而且最后,经过反复的努力,我相信我们已经成功地做到了这一点。在这一信念中,我们主要是得到了一种想法的支持,那就是,我们看到实验结果和我们一个接一个地证明了的这些性质相符合和确切地对应。最后,在自然地加速的运动的探索中,我们就仿佛被亲手领着那样去追随大自然本身的习惯和方式,按照它的各种其他过程来只应用那些最平常、最简单和最容易的手段。

因为我认为没人会相信游泳和飞翔能够用比鱼儿们和鸟儿们本能地应用的那种方式更简单的方式来完成。

因此,当我观察一块起初是静止的石头从高处下落并不断地获得速率的增量时,为什么我不应该相信这样的增长是以一种特别简单而在每人看来都相当明显的方式发生的呢?如果现在我们仔细地检查一下这个问题,我们就会发现,没有比永远以相同方式重复进行的增加或增长更为简单的。当我们考虑时间和运动之间的密切关系时,我们就能真正地理解这一点。因为,正如运动的均匀性是通过相等的时间和相等的空间来定义和想象的那样(例如,当相等的距离是在相等的时段中通过的时,我们就说运动是均匀的),我们也可以用相似的方式通过相等的时段来想象速率的增加是没有任何复杂性地进行的。例如,当在任何相等的时段中运动的速率都得到相等的增量时,我们可以在心中描绘一种运动是均匀而连续地被加速的。又例如,从物体离开它的静止位置而开始下降的那一时刻开始计时,如果不论过了多长的时间,都是在头两个时段中得到的速率将等于在第一个时段中得到的速率的 2 倍;在三个这样的时段中增加的量是第一个时段中的 3 倍,而在四个时段中的增加量是第一个时段中的 4 倍。为了把问题说得更清楚些,假若一个物体将以它在第一个时段中获得的速率继续运动,它的运动就将比它以在头两个时段中获得的速率继续运动时慢 1 倍。

由此看来,如果我们令速率的增量和时间的增量成正比,我们就不会错得太多;因此,我们即将讨论的这种运动的定义,就可以叙述如下:一种运动被称为均匀加速的,如果从静止开始,它在相等的时段内获得相等的速率增量。

萨格: 人们对于这一定义,事实上是对任何作者所发明的任何定义提不出任何合理的反驳,因为任何定义都是随意的。虽然如此,我还是愿意并无他意地表示怀疑,不知上述这种用抽象方式建立的定义是否和我们在自然界的自由下落物体的事例中遇到的那种加速运动相对应,并能描述它。而且,既然作者明确主张他的定义所描述的运动就是自由下落物体的运动,我希望能够排除我心中的一些困难,以便我在以后可以更专心地听那些命题和证明。

萨耳:你和辛普里修提出这些困难是很好的。我设想,这些困难就是我初次见到这本著作时所遇到的那些相同的困难,它们是通过和作者本人进行讨论或在我自己的心中反复思考而被消除了的。

萨格:当我想到一个从静止开始下落的沉重物体时,就是说它从零速率开始并且从运动开始时起和时间成比例地增加速率;这是一种那样的运动,例如,在八次脉搏的时间获得8度速率;在第四次脉搏的结尾获得4度;在第二次脉搏的结尾获得2度;在第一次脉搏的结尾获得1度;而且既然时间是可以无限分割的,由所有这些考虑就可以推知,如果一个物体的较早的速率按一个恒定比率而小于它现在的速率,那么就不存在一个速率的不论多小的度(或者说不存在迟慢性的一个无论多大的度),是我们在这个物体从无限迟慢即静止开始以后不会发现的。因此,如果它在第四次脉搏的结尾所具有的速率是这样的:如果保持匀速运动,物体将在1小时内通过2英里;而如果保持它在第二次脉搏的结尾所具有的速率,它就会在1小时内通过1英里。我们必须推测,当越来越接近开始的时刻时,物体就会运动得很慢,以致如果保持那时的速率,它就在1小时,或1天,或1年,或1000年内也走不了1英里;事实上,它甚至不会挪动1英寸,不论时间多长。这种现象使人们很难想象,而我们的感官却告诉我们,一个沉重的下落物体会突然得到很大的速率。

萨耳:这是我在开始时也经历过的困难之一,但是不久以后我就排除了它;而且这种排除正是通过给你们带来困难的实验而达成的。你们说,实验似乎表明,在重物刚一开始下落,它就得到一个相当大的速率;而我却说,同一实验表明,一个下落物体不论多重,它在开始时的运动都是很迟慢而缓和的。把一个重物体放在一种柔软的材料上,让它留在那儿,除它自己的重量以外不加任何压力。很明显,如果把物体抬高一两英尺再让它落在同样的材料上,由于这种冲量,它就会作用一个新的比仅仅由重量引起的压力更大的压力，而且这种效果是由下落物体(的重量)和在下落中得到的速度所共同引起的。这种效果将随着下落高度的增大而增大，也就是随着下落物体的速度的增大而增大，于是，根据冲击的性质和强度，我们就能够准确地估计一个下落物体的速率。但是，先生们，请告诉我们这是不对的：如果一块夯石从4英尺的高度落在一个橛子上而把它打进地中4指的深度；如果让它从2英尺高处落下来，它就会把橛子打得更浅许多；最后，如果只把夯石抬起1指高，它将比仅仅被放在橛子上更多打进多大一点儿？当然很小。如果只把它抬起像一张纸的厚度那么高，那效果就会完全无法觉察了。而且，既然撞击的效果依赖于这一打击物体的速度，那么当(撞击的)效果小得不可觉察时，我们能够怀疑运动是很慢而速率是很小吗？现在请看看真理的力量吧！同样的一个实验，初看起来似乎告诉我们一件事，当仔细检查时却使我们确信了相反的情况。

上述实验无疑是很有结论性的。但是，即使不依靠那个实验，在我看来也应该不难仅仅通过推理来确立这样的事实。设想一块沉重的石头在空气中被保持于静止状态。支持物被取走了,石头被放开了;于是,既然它比空气重,它就开始下落,而且不是均匀地下落,而是开始时很慢,但却是以一种不断加速的运动而下落。现在,既然速度可以无限制地增大和减小,有什么理由相信,这样一个以无限的慢度(即静止)开始的运动物体立即会得到一个10度大小的速率,而不是4度,或2度,或1度,或0.5度,或0.01度,而事实上可以是无限小值的速率呢?请听我说,我很难相信你们会拒绝承认,一块从静止开始下落的石头,它的速率的增长将经历和减小时相同的数值序列;当受到某一强迫力时,石头就会被扔到起先的高度,而它的速率就会越来越小。但是,即使你们不同意这种说法,我也理解你们怎么会怀疑速率渐减的上升石头在达到静止以前将经历每一种可能的慢度。

辛普:但是如果越来越大的慢度有无限多个,它们就永远不能被历尽,因此这样一个上升的重物体将永远达不到静止,而是将永远以更慢一些的速率继续运动下去。但这并不是观察到的事实。

萨耳：辛普里修，这将会发生，假如运动物体将在每一速度处在任一时间长度内保持自己的速率的话；但是它只是通过每一点而不停留到长于一个时刻；而且，每一个时段不论多么短都可以分成无限多个时刻，这就足以对应于无限多个渐减的速度了。

至于这样一个上升的重物体不会在任一给定的速度上停留任何时间，这可以从下述情况显然看出：如果某一时段被指定，而物体在该时段的第一个时刻和最后一个时刻都以相同的速率运动，它就会从这第二个高度上用和从第一高度上升到第二高度的完全同样的方式再上升一个相等的高度，而且按照相同的理由，就会像从第二个高度过渡到第三个高度那样而最后将永远进行匀速运动。

萨格：从这些讨论看来，我觉得所讨论的问题似乎可以由哲学家来求得一个适当的解；那问题就是，重物体的自由运动的加速度是由什么引起的？在我看来，既然作用在上抛物体上的力使它不断地减速，这个力只要还大于相反的重力，就会迫使物体上升；当二力达到平衡时，物体就停止上升而经历它的平衡状态。在这个状态上,外加的冲量并未消灭,而只是超过物体重量的那一部分已经用掉了,那就是使物体上升的部分;然后,外加冲量的减少继续进行,使重力占了上风,下落就开始了。但是由于反向冲量的原因,起初下落得很慢,这时反向冲量的一大部分仍然留在物体中;随着这种反向冲量的继续减小,它就越来越多地被重力所超过,由此即得运动的不断加速。

辛普: 这种想法很巧妙,不过比听起来更加微妙一些;因为,即使论证是结论性的,它也只能解释一种事例:在那种事例中,一种自然运动以一种强迫运动为其先导,在那种强迫运动中,仍然存在一部分外力。但是当不存在这种剩余部分而物体从一个早先的静止状态开始时,整个论点的严密性就消失了。

萨格: 我相信你错了,而你所做出的那种事例的区分是表面性的,或者倒不如说是不存在的。但是,请告诉我,一个抛射体能不能从抛射者那里接受一个或大或小的力,例如把它抛到 100 腕尺[①]的高度,或甚至是 20 腕尺,或 4 腕尺,或 1 腕尺的高度的那种力呢?

辛普: 肯定可以。

萨格: 那么,外加的力就可能稍微超过重量的阻力而使物体上升 1 指的高度,而且最后,上抛者的力可能只大得正好可以平衡重量的阻力,使得物体并不是被举高而只是悬空存在。当一个人把一块石头握在手中时,他是不是只给它一个向上的强制力,而这个力正好等于把它向下拉的重量呢?而且只要你还把石头握在手中,你是不是继续在对它加这个力呢?在人握住石头的时间之内,这个力会不会或许随着时间在减小呢?

而且,这个阻止石头下落的支持是来自一个人的手,或来自一张桌子,或来自一根悬挂它的绳子,这又有什么不同呢?肯定没有任何不同。因此,辛普里修,你必须得出结论说,只要石头受到一个力的作用,反抗它的重量并足以使它保持静止,至于它在下落之前停留在

---

① 1 希腊腕尺≈46.38 厘米
1 罗马腕尺≈44.37 厘米。——编辑注

静止状态的时间是长是短乃至只有一个时刻,那都是没有任何相干的。

萨耳:现在似乎还不是考察自由运动之加速原因的适当时刻。关于那种原因,不同的哲学家曾经表示了各式各样的意思:有些人用指向中心的吸引力来解释它,另一些人则用物体中各个最小部分之间的排斥力来解释它,还有一些人把它归之于周围媒质中的一种应力,这种媒质在下落物体的后面合拢起来而把它从一个位置赶到另一个位置。现在,所有这些猜想,以及另外一些猜想,都应该加以检查,然而那却不一定值得。在目前,我们这位作者的目的仅仅是考察并证明加速运动的某些性质(不论这种加速的原因是什么)。所谓加速运动,是指那样一种运动,即它的速度的动量在离开静止状态以后不断地和时间成正比而增大。这和另一种说法相同,就是说,在相等的时段,物体得到相等的速度增量;而且,如果我们发现以后即将验证的(加速运动的)那些性质是在自由下落的和加速的物体上实现的,我们就可以得出结论说,所假设的定义包括了下落物体的这样一种运动,而且它们的速率是随着时间和运动的持续而不断增大的。

萨格:就我现在所能看到的来说,这个定义可能被弄得更清楚一些而不改变其基本想法。就是说,均匀加速的运动就是那样一种运动,它的速率正比于它所通过的空间而增大,例如,一个物体在下落4腕尺中所得到的速率,将是它在下落2腕尺中所得到的速率的2倍;而后一速率则是在下落1腕尺中所得到的速率的2倍。因为毫无疑问,一个从6腕尺高度下落的物体,具有并将以之来撞击的那个动量,是它在3腕尺末端上所具有的动量的2倍,并且是它在1腕尺末端上所具有的动量的3倍。

萨耳:有这样错误的同伴使我深感快慰;而且,请让我告诉你,你的命题显得那样的或然,以致我们的作者本人也承认,当我向他提出这种见解时,连他也在一段时间内同意过这种谬见。但是,使我最吃惊的是看到两条如此内在地有可能的以致听到它们的每一个人都觉得不错的命题,竟然只用几句简单的话就被证明不仅是错误的,而且是不可能的。

辛普:我是那些人中的一个,他们接受这一命题,并且相信一个下落物体会在下落中获得活力(vires),它的速度和空间成比例地增加,而且下落物体的动量当从2倍高度处下落时也会加倍。在我看来,这些说法应该毫不迟疑且毫无争议地被接受。

萨耳:尽管如此,它们还是错误的和不可能的,就像认为运动应该在一瞬间完成那样的错误和不可能;而且这里有一种很清楚的证明。假如速度正比于已经通过或即将通过的空间,则这些空间是在相等的时段内通过的;因此,如果下落物体用以通过8英尺的空间的那个速度是它用以通过前面4英尺空间的速度的2倍(正如一个距离是另一距离的2倍那样),则这两次通过所需要的时段将是相等的。但是,对于同一个物体来说,在相同的时间内下落8英尺和4英尺,只有在即时运动的事例中才是可能的。但是观察却告诉我们,下落物体的运动是需要时间的,而且通过4英尺的距离比通过8英尺的距离所需的时间要少;因此,所谓速度正比于空间而增加的说法是不对的。

另一种说法的谬误性也可以同样清楚地证明。因为,如果我们单独考虑一个下击的物体,则其撞击的动量之差只能依赖于速度之差;因为假如从双倍高度下落的下击物体应该给出一次双倍动量的下击,则这一物体必须是以双倍的速度下击的,但是以这一双倍的速度,它将在相同时段内通过双倍的空间。然而观察却表明,从更大高度下落所需要的时间是较长的。

萨格:你用了太多的明显性和容易性来提出这些深奥问题;这种伟大的技能使得它们不像用一种更深奥的方式被提出时那么值得赏识了。因为,在我看来,人们对自己没太费劲就得到的知识,不像对通过长久而玄秘的讨论才得到的知识那样重视。

萨耳:假如那些用简捷而明晰的方式证明了许多通俗信念之谬误的人们被用了轻视而不是感谢的方式来对待,那伤害还是可以忍受的。但是,另一方面,看到那样一些人却是令人很不愉快而讨厌的,他们以某一学术领域中的贵族自居,把某些结论看成理所当然,而那些结论后来却被别人很快地和很容易地证明为谬误的了。我不把这样一种感觉说成忌妒,而忌妒通常会堕落为对那些谬误发现者的仇视和恼怒。我愿意说它是一种保持旧错误而不接受新发现的真理的强烈欲望。这种欲望有时会引诱他们团结起来反对这些真理,尽管他们在内心深处是相信那些真理的;他们起而反对之,仅仅是为了降低某些别的人在不肯思考的大众中受到的尊敬而已。确实,我曾经从我们的院士[①]先生那里听说过许多这样的被认为是真理但却很容易被否证的谬说,其中一些我一直记着。

萨格: 你务必把它们告诉我们,不要隐瞒,但是要在适当的时候,甚至可以举行一次额外的聚会。但是现在,继续我们的思路,看来到了现在,我们已经确立了均匀加速运动的定义。这定义叙述如下:

一种运动被称为等加速运动或均匀加速运动,如果从静止开始,它的动量在相等的时间内得到相等的增量。

萨耳: 确立了这一定义,作者就提出了单独一条假设,那就是:

同一物体沿不同倾角的斜面滑下,当斜面的高度相等时,物体得到的速率也相等。

---

① 即伽利略,作者经常这样称呼他自己。——英译者注

所谓一个斜面的高度，是指从斜面的上端到通过其下端的水平线上的竖直距离。例如，为了说明，设直线 AB 是水平的，并设平面 CA 和 CD 为倾斜于它的平面；于是，作者就称垂线 CB 为斜面 CA 和 CD 的“高度”：他假设说，同一物体沿斜面 CA 和 CD 而分别下滑到 A 端和 D 端时所得到的速率是相等的，因为二斜面的高度都是 CB：而且也必须理解，这个速率就是同一物体从 C 下落到 B 时所将得到的速率。

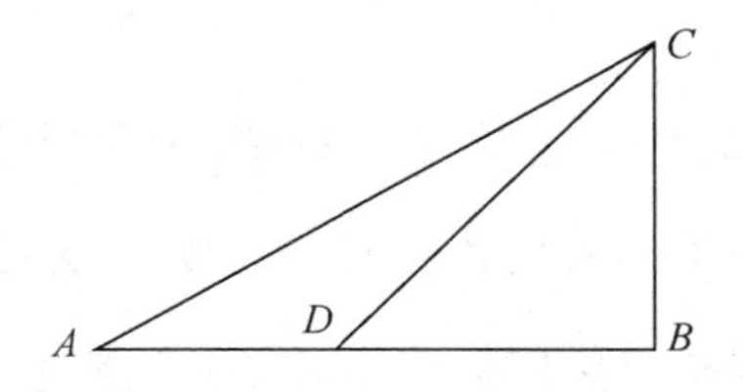

萨格： 你的假设使我觉得如此合理，以致它应该毫无疑问地被认同。当然，如果没有偶然的或外在的阻力，而且各平面是坚硬而平滑的，而运动物体的形状也是完全圆滑的，从而平面和运动物体都不粗糙的话，当一切阻力和反抗力都已消除时，我的理智立刻就告诉我，一个重的和完全圆的球沿直线 CA、CD 和 CB 下降时将以相等的动量分别到达终点 A、D、B。

萨耳：我完全同意你的说法，但是我希望用实验来把它的或然性增大到不缺少严格证明的程度。

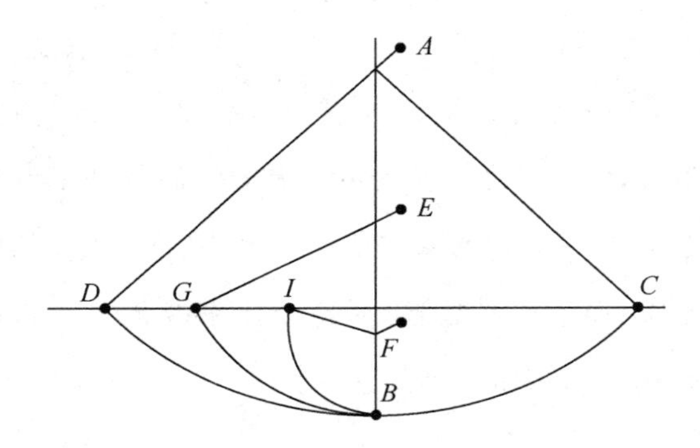

设想纸面代表一堵竖直的墙，有一个钉子钉在上面，钉上用一根竖直的细线挂了一个一盎司①或二盎司重的弹丸，细线 AB 譬如说有 4～6 英尺长，离墙约有 2 指远近；垂直于竖线在墙上画一条水平线 DC。现在把悬线和小球拿到位置 AC，然后放手；起初我们会看到它沿着 $\overset{\frown}{CBD}$ 下落，通过点 B，并沿 $\overset{\frown}{BD}$ 前进，直到几乎前进到水平线 CD，所差的一点儿高度是由空气的阻力和悬线的阻力引起的。我们由此可以有理由地推测，小球

① 1盎司≈28.35克。——编辑注

在其沿 $\overset{\frown}{CB}$ 下降中,当到 B 时获得了一个动量,而这个动量正好足以把它通过一条相似的弧线送到同一高度。

多次重复了这个实验以后,现在让我们再在墙上靠近垂直线 AB 处钉一个钉子,例如在 E 或 F 处;这个钉子伸出大约五六指,以便悬线带着小球经过了 $\overset{\frown}{CB}$ 时可以碰着钉子,这样就迫使小球经过以 E 为心的 $\overset{\frown}{BG}$。[①] 由此我们可以看到同一动量可以做些什么;它起初是从同一 B 点出发,带着同一物体通过 $\overset{\frown}{BD}$ 而走向水平线 CD。

现在,先生们,你们将很感兴趣地看到,小球摆向了水平线上的 G 点。而且,如果障碍物位于某一较低的地方,譬如位于 F,你们就将看到同样的事情发生,这时小球将以 F 为心而描绘 $\overset{\frown}{BI}$,球的升高永远确切地保持在直线 CD 上。但是如果钉子的位置太低,以致剩下的那段悬线达不到 CD 的高度时(当钉子离 B 点的距离小于 AB 和水平线 CD 的交点离 B 的距离时就会发生这种情

① 此处原谓小球达到 B 时悬线才碰到钉子。这似乎不可能,不知是伽利略原文之误还是英译本之误。今略为斟酌如此。——中译者

况),悬线将跳过钉子并绕在它上面。

这一实验没有留下怀疑我们的假设的余地,因为,既然两个弧 $\overset{\frown}{CB}$ 和 $\overset{\frown}{DB}$ 相等而且位置相似,通过沿 $\overset{\frown}{CB}$ 下落而得到的动量就和通过沿 $\overset{\frown}{DB}$ 下落而得到的动量相同;但是,由于沿 $\overset{\frown}{CB}$ 下落而在 B 点得到的动量,却能够把同一物体(*mobile*)沿着 $\overset{\frown}{BD}$ 举起来。因此,沿 $\overset{\frown}{BD}$ 下落而得到的动量,就等于把同一物体沿同弧从 B 举到 D 的动量。普遍说来,沿一个弧下落而得到的每一个动量,都等于可以把同一物体沿同弧举起的动量。但是,引起沿各弧 $\overset{\frown}{BD}$、$\overset{\frown}{BG}$ 和 $\overset{\frown}{BI}$ 的上升的所有这些动量都相等,因为它们都是由沿 $\overset{\frown}{CB}$ 下落而得到的同一动量引起的,正像实验所证明的那样。因此,通过沿 $\overset{\frown}{DB}$、$\overset{\frown}{GB}$、$\overset{\frown}{IB}$ 下落而得到的所有各动量全都相等。

萨格:在我看来,这种论点是那样的有结论性,而实验也如此地适合于假说的确立,以致我们的确可以把它看成一种证明。

萨耳:萨格利多,关于这个问题,我不想太多地麻烦咱们自己,因为我们主要是要把这一原理应用于发生在平面上的运动,而不是应用于发生在曲面上的运动。在曲面上，加速度将以一种和我们对平面运动所假设的那种方式大不相同的方式而发生变化。

因此，虽然上述实验向我们证明，运动物体沿 $\overset{\frown}{CB}$ 的下降使它得到一个动量，足以把它沿着 $\overset{\frown}{BD}$、$\overset{\frown}{BG}$ 和 $\overset{\frown}{BI}$ 举到相同的高度，但是在一个完全圆的球沿着倾角分别和各弧之弦的倾角相同的斜面下降的事例中，我们却不能用相似的方法证明事件将是等同的。相反地，看来似乎有可能，既然这些斜面在 B 处有一个角度，它们将对沿 $\overset{\frown}{CB}$ 下降并开始沿 $\overset{\frown}{BD}$、$\overset{\frown}{BG}$ 和 $\overset{\frown}{BI}$ 上升的球发生一个阻力。

在碰到这些斜面时它的一部分动量将被损失掉，从而它将不能再升到直线 CD 的高度；但是，这种干扰实验的障碍一旦被消除，那就很明显，动量(它随着下降而增强)就将能够把物体举高到相同的高度。那么，让我们暂时把这一点看成一条公设，其绝对真实性将在我们发现由它得出的推论和实验相对应并完全符合时得以确立。假设了这单独一条原理，作者就过渡到了命题：他清楚地验证了这些命题，其中的第一条如下：

定理1　命题1

一个从静止开始做均匀加速运动的物体通过任一空间所需要的时间,等于同一物体以一个均匀速率通过该空间所需要的时间;该均匀速率等于最大速率和加速开始时速率的平均值。

让我们用直线 AB 表示一个物体通过空间 CD 所用的时间,该物体在 C 点从静止开始而均匀加速;设在时段 AB 内得到的速率的末值,即最大值,用垂于 AB

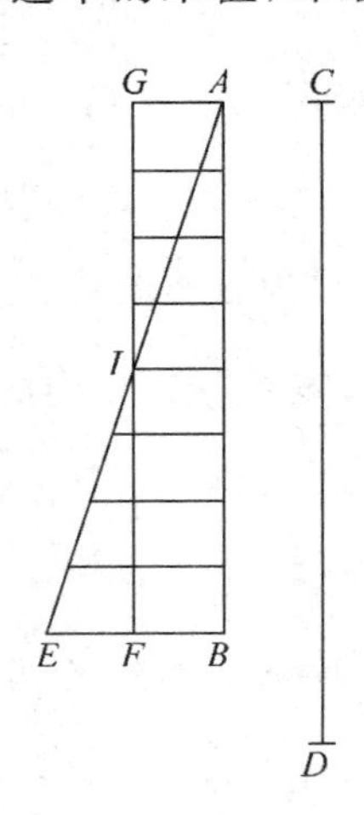

而画的一条线段 EB 来表示;画直线 AE,则从 AB 上任一等价点上平行于 EB 画的线段就将代表从 A 开始的速率的渐增的值。设点 F 将线段 EB 中分为二;画直线 FG 平行于 BA,画 GA 平行于 FB,于是就得到一个平行四边形(实为长方形)$AGFB$,其面积将和$\triangle AEB$ 的面积相等,因为 GF 边在 I 点将 AE 边平分;因为,如果$\triangle AEB$ 中的那些平行线被延长到 GI,就可以看出长方形 $AGFB$ 的面积将等于$\triangle AEB$ 的面积;因为$\triangle IEF$ 的面积等于$\triangle GIA$ 的面积。

既然时段中的每一时刻都在直线 AB 上有其对应点,从各该点在$\triangle AEB$ 内部画出的那些平行线就代表速率的渐增的值;而且,既然在长方形 $AGFB$ 中那些平行线代表一个不是渐增而是恒定的值,那就可以看出,按照相同的方式,运动物体所取的动量,在加速运动的事例中可以用$\triangle AEB$ 中那些渐增的平行线来代表,而在匀速运动的事例中则可以用长方形 GB 中那些平行线来代表,加速运动的前半段所短缺的动量(所缺的动量用$\triangle AGI$ 中的平行线来代表)由$\triangle IEF$ 中各平行线所代表的动量来补偿。

由此可以清楚地看出,相等的空间可以在相等的时间由两个物体所通过,其中一个物体从静止开始而以一个均匀加速度运动,另一个以均匀速度运动的物体的动量则等于加速运动物体的最大动量的一半。

证毕。

定理 2　命题 2

一个从静止开始以均匀加速度而运动的物体所通过的空间,彼此之比等于所用时段的平方之比。

设从任一时刻 A 开始的时间用直线 AB 代表,在该线上,取了两个任意时段 AD 和 AE,设 HI 代表一个从静止开始以均匀加速度由 H 下落的物体所通过的距离。设 HL 代表在时段 AD 中通过的空间,而 HM 代表在时段 AE 中通过的空间,于是就有,空间 HM 和空间 HL 之比,等于时间 AE 和时间 AD 之比的平方。或者,我们也可以简单地说,距离 HM 和 HL 之间的关系与 AE 的平方和 AD 的平方之间的关系相同。

画直线 AC 和直线 AB 成任意交角,并从 D 点和 E 点画平行线 DO 和 EP;在这两条线中,DO 代表在时段 AD 中达到的最大速度,而 EP 则代表在时段 AE 中达到的最大速度。但是刚才已经证明,只要涉及的是所通过的距离,两种运动的结果就是确切相同的:一种是物体从静止开始以一个均匀的加速度下落,另一种是物体

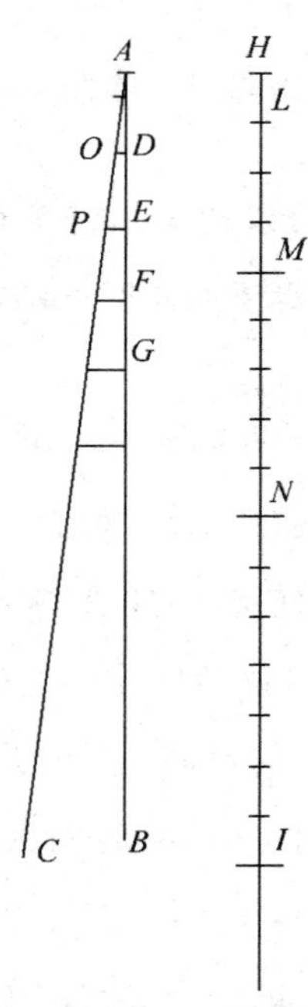

在相等的时段内以一个均匀速率下落，该均匀速率等于加速运动在该时段内所达到的最大速率的一半。由此可见，距离 HM 和 HL 将和以分别等于 DO 和 EP 所代表的速率之一半的均匀速率在时段 AE 和 AD 中所通过的距离相同，因此，如果能证明距离 HM 和 HL 之比等于时段 AE 和 AD 的平方之比，我们的命题就被证明了。

但是在“匀速运动”部分的命题 4(见本书第 36 页)

中已经证明,两个匀速运动的粒子所通过的空间之比,等于速度之比和时间之比的乘积。但是在这一事例中,速度之比和时段之比相同(因为 AE 和 AD 之比等于 $\frac{1}{2}EP$ 和$\frac{1}{2}DO$ 之比,或者说等于 EP 和 DO 之比)。由此即得,所通过的空间之比等于时段之比的平方。

证毕。

那么就很显然,距离之比等于终末速度之比的平方,也就是等于线段 EP 和 DO 之比的平方,因为后二者之比等于 AE 和 AD 之比。

推论Ⅰ　由此就很显然,如果我们取任何一些相等的时段,从运动的开始数起,例如 AD,DE,EF,FG,在这些时段中,物体所通过的空间是 HL,LM,MN,NI,则这些空间彼此之间的比,将是各奇数 1,3,5,7 之间的比,因为这就是各线段(代表时间)的平方差之间的比,即依次相差一个相同量的差,而其公共差等于最短的线(即代表单独一个时段的线)。或者,我们可以说,这就是从一开始的自然数序列的差。

因此,尽管在一些相等的时段中,各速度是像自然数那样递增的,但是在各相等时段中所通过的那些距离的增量却是像从一开始的奇数序列那样变化的。

萨格：请把讨论停一下，因为我刚刚得到了一个想法。为了使你们和我自己都更清楚，我愿意用作图来说明这个想法。

设直线 AI 代表从起始时刻 A 开始的时间的演进；通过 A 画一条和 AI 成任意角的直线 AF，将端点 I 和 F 连接起来；在 C 点将 AI 等分为两段：画 CB 平行于 IF。

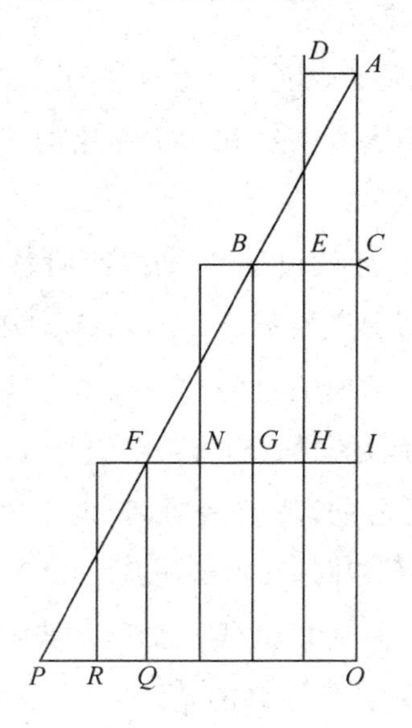

起初速度为零，然后它就正比于和 BC 相平行的直线并在$\triangle ABC$ 的交割段落增大；或者换句话说，我们假

设速度正比于时间而渐增；让我们把 CB 看成速度的最大值。然后，注意到以上的论证，我毫无疑问地承认，按上述方式下落的一个物体所通过的空间，等于同一物体在相同长短的时间内以一个等于 EC（即 BC 的一半）的均匀速率通过的空间。

另外，让我们设想，物体已经用加速运动下落，使得它在时刻 C 具有速度 BC。很显然，假如这个物体继续以同一速率 BC 下落而并不加速，在其后一个时段 CI 中，它所通过的距离就将是以均匀速率 EC（等于 BC 的一半）在时段 AC 中通过的距离的 2 倍；但是，既然下落物体在相等的时段内得到相等的速率增量，那就可以推知，速度 BC 在其后一个时段中将得到一个增量，用和 $\triangle ABC$ 相等的 $\triangle BFG$ 内的平行线来代表。那么，如果在速度 GI 上加上速度 FG 的一半，就得到在时间 CI 中将会通过相同空间的那个均匀速度；此处 FG 是加速运动所得到的、由 $\triangle BFG$ 内的平行线来决定的最大速率；而既然这一均匀速度 IN 是 EC 的 3 倍，那就可以知道，在时段 CI 中通过的空间 3 倍于在时段 AC 中通过的空间。

让我们设想运动延续到另一个相等的时段 IO，而三角形也扩大为 APO；于是就很显然，如果运动在时段

IO 中以恒定速率 IF(即在时间 AI 中加速而得到的速率)持续进行,则在时段 IO 中通过的空间将是在第一个时段中通过的空间的 4 倍,因为速率 IF 是速率 EC 的 4 倍。但是如果我们扩大三角形使它把等于 $\triangle ABC$ 的 $\triangle FPQ$ 包括在内,而仍然假设加速度为恒量,我们就将在均匀速度上再加上等于 EC 的 RQ;于是时段 IO 中的等效均匀速率的值就将是第一个时段 AC 中等效均匀速率的 5 倍;因此所通过的空间也将是在第一个时段 AC 中通过的空间的 5 倍。

因此,由简单的计算就可以显然得到,一个从静止开始其速度随时间而递增的物体将在相等的时段内通过不同的距离,各距离之比等于从一开始的奇数 1,3,5,…,之比;[①]或者,若考虑所通过的总距离,则在双倍时间内通过的距离将是在单位时间内所通过距离的 4 倍;

---

① 作为现代分析方法之巨大优美性和简明性的例示,命题 2 的结果可以直接从基本方程 $s=g\frac{(t_2^2-t_1^2)}{2}=g\frac{(t_2+t_1)(t_2-t_1)}{2}$ 得出,式中 g 是重力加速度,设各时段为 1 秒,于是在时刻 t_1 和 t_2 之间通过的距离就是 $s=g\frac{(t_2+t_1)}{2}$,此处 t_2+t_1 必须是一个奇数,因为它是自然数序列中相邻的数之和。——英译者[中译者按:从现代眼光看来,这一问题本来非常简单,似乎不必如此麻烦加此小注,而且注得并非多么明白。]

而在3倍时间内通过的距离将是在单位时间内通过的距离的9倍;普遍说来,通过的距离和时间的平方成正比。

辛普: 说实话,我在萨格利多这种简单而清楚的论证中得到的快感比在作者的证明中得到的快感还要多;他那种证明使我觉得相当不明显;因此我相信,一旦接受了均匀加速运动的定义,情况就是像所描述的那样了。但是,至于这种加速度是不是我们在自然界中的下落物体事例中遇到的那种加速度,我却仍然是怀疑的;而且在我看来,不仅为了我,也为了所有那些和我抱有同样想法的人们,现在是适当的时刻,可以引用那些实验中的一个了;我了解,那些实验有很多,它们用多种方式演示了已经得到的结论。

萨耳: 作为一位科学人物,你所提出的要求是很合理的;因为在那些把数学证明应用于自然现象的科学中,这正是一种习惯——而且是一种恰当的习惯。正如在透视法、数学、力学、音乐及其他领域的事例中看到的那样,原理一旦被适当选择的实验所确定,就变成整个上层结构的基础。因此,我希望,如果我们用相当长的篇幅来讨论这个首要的和最基本的问题,这并不会显得是浪费时间。在这个问题上,连接着许多推论的后果,而我们在本书中看到的只是其中的少数几个——那是我们的作者写在那里的,他在开辟一个途径方面做了许多工作,该途径本来对爱好思索的人们一直是封闭的。谈到实验,它们并没有被作者忽视;而且当和他在一起时,我曾经常常试图按照明确的次序来使自己相信,下落物体所实际经历的加速,就是上面描述的那种。

我们取了一根木条,长约 12 腕尺,宽约半腕尺,厚约 3 指,在它的边上刻一个槽,约一指多宽。把这个槽弄得很直、很滑和很好地抛光以后,给它裱上羊皮纸,也尽可能地弄光滑。然后,我们让一个硬的、光滑的和很圆的青铜球沿槽滚动。将木条的一端比另一端抬高 1 腕尺或 2 腕尺,使木条处于倾斜位置,我们像刚才所说的那样让铜球在槽中滚动,同时用一种立即会加以描述的办法注意它滚下所需的时间。

我们重复进行了这个实验,以便把时间测量得足够准确,使得两次测量之间的差别不超过$\frac{1}{10}$次脉搏跳动时间。完成了这种操作并相信了它的可靠性以后,我们就让球只滚动槽长的四分之一;测量了这种下降的时间,我们发现这恰恰是前一种滚动的时间的一半。然后,我们试用了其他的距离,把全长所用的时间,和半长所用的时间,或四分之三长所用的时间,事实上是和任何分数长度所用的时间进行了比较,在重复了整百次的这种实验中,我们发现所通过的空间彼此之间的比值永远等于所用时间的平方之比。而且这对木板的,也就是我们让球沿着它滚动的那个木槽的一切倾角都是对的。

我们也观察到,对于木槽的不同倾角,各次下降的时间相互之间的比值,正像我们等一下就会看到的那样,恰恰就是我们的作者所预言了和证明了的那些比值。

为了测量时间,我们应用了放在高处的一个大容器中的水。并在容器的底上焊了一条细管,可以喷出一个很细的水柱;在每一次下降中,我们就把喷出的水收集在一个小玻璃杯中,不论下降是沿着木槽的全长还是沿着它的长度的一部分;在每一次下降以后,这样收集到的水都用一个很准确的天平来称量。这些重量的差和比值,就给我们以下降时间的差和比值,而且这些都很准确,使得虽然操作重复了许多许多次,所得的结果之间却没有可觉察的分歧。

辛普: 我愿意参与这些实验,还可以感受到你们做这些实验时的细心和信心以及你们对待实验的求真态度,我已经满意了并承认它们是正确而成立的了。

萨耳: 那么咱们就可以不必讨论而继续进行了。

推论Ⅱ 然后就可以得到,从任何起点开始,如果我们随便取在任意两个时段中通过的两个距离,这两个时段之比就等于一个距离和两个距离之间的比例中项之比。

因为,如果我们从起点 S 量起取两段距离 ST 和 SY,其比例中项为 SX,则通过 ST 的下落时间和通过 SY 的下落时间之比就等于 ST 和 SX 之比;或者也可以说,通过 SY 的下落时间和通过 ST 的下落时间之比,等于 SY 和 SX 之比。现在,既已证明所通过的各距离之比等于时间的平方之比;而且,既然空间 SY 和空间 ST 之比是 SY 和 SX 之比的平方,那么就得到,通过 SY 和 ST 的二时间之比等于相应距离 SY 和 SX 之比。

旁　注

上一引理是证明了竖直下落的事例,但是,对于倾角为任意值的斜面,它也成立。因为必须假设,沿着这些斜面,速度是按相同的比率增大的,就是说,是和时间成正比而增大的。或者,如果你们愿意,也可以说是按照自然数的序列而增大的。[①]

萨耳: 在这儿,萨格利多,如果不太使辛普里修感到厌烦,我愿意打断一下现在的讨论,来对我们已经证明的以及我们已经从咱们的院士先生那里学到的那些力学原理的基础做些补充。我做的这些补充,是为了使我们把以上已经讨论了的原理更好地建立在逻辑的和实验的基础上,而更加重要的是为了在首先证明了对运动的科学具有根本意义的单独一条引理以后,来几何地推导那一原理。

萨格: 如果你表示要做出的进展是将会肯定并充分

① 介于这一旁注和下一定理之间的对话,是在伽利略的建议下由维维安尼(Viviani)撰写的。见 National Edition,ⅷ.23。——英译者

建立这些运动科学的，我将乐于在它上面花费任意长的时间。事实上，我不但得高兴地听你谈下去，而且要请求你立刻就满足在关于你的命题方面已经唤起的我的好奇心，而且我认为辛普里修的意见也是如此。

辛普： 完全没错。

萨耳： 既然得到你们的允许，就让我们首先考虑一个值得注意的事实，即同一个物体的动量或速率是随着斜面的倾角而变化的。

速率在沿竖直方向时达到最大值，而在其他方向上，则随着斜面对竖直方向的偏离而减小。因此，运动物体在下降时的活力、能力、能量或也可称之为动量，是由支持它的和它在上面滚动的那个平面所减小了的。

为了更加清楚，画一条直线 AB 垂直于水平线 AC，其次画 AD，AE，AF，等等，和水平线成不同的角度。

于是我说，下落物体的全部动量都是沿着竖直方向的，而且当它沿此方向下落时达到最大值；沿着 DA，动量就较小；沿着 EA，动量就更小；而沿着更加倾斜的 FA，则动量还要更小。最后，在水平面上，动量完全消失，物体处于一种对运动或静止漠不关心的状态：它没

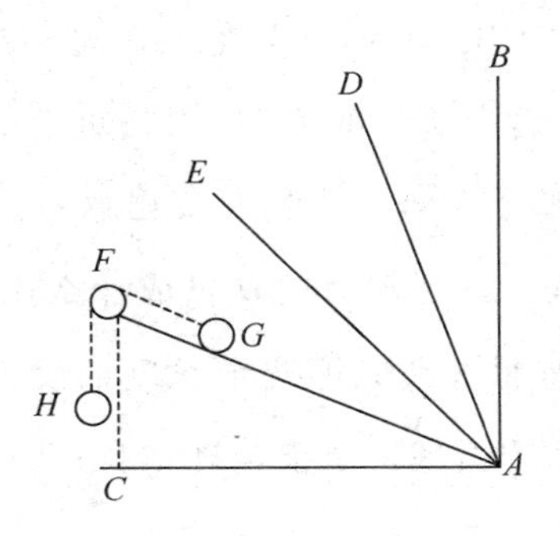

有向任何方向运动的内在倾向,而在被推向任何方向运动时也不表现任何阻力。因为,正如一个物体或体系不能自己向上运动,或是从一切重物都倾向靠近的中心而自己后退一样,任一物体除了落向上述的中心以外也不可能自发地开始任何运动。因此,如果我们把水平面理解为一个面,它上面的各点都和上述公共中心等距的话,则物体在水平面上没有沿任何方向的动量。

动量的变化既已清楚,我在这里就有必要解释某些事物:这是由我们的院士先生在帕多瓦写出的,载入只供他的学生们使用的一本著作中。他在考虑螺旋这一神奇的机件的起源和本性时详尽而确定地证明了这一情况。他所证明的就是动量随斜面倾角而变化的那种方式。例如,图中的斜面 FA,它的一端被抬起了一个竖直距离 FC。这个 FC 的方向,正是重物的动量沿着它变为最大的那个方向。让我们找出这一最大动量和同一物体沿斜面 FA 运动时的动量成什么比率。我说,这一比率正是前面提到的那两个长度的反比。这就是领先于定理的那个引理。至于定理本身,我希望等一下就来证明。

显然,作用在下落物体上的促动力等于足以使它保持静止的阻力或最小力。为了量度这个力和阻力,我建议利用另一物体的重量。让我们在斜面 FA 上放一个物体 G,用一根绕过 F 点的绳子和重物 H 相连。于是,物体 H 将沿着垂直线上升或下降一个距离,和物体 G 沿着斜面 FA 下降或上升的距离相等。但是这个距离并不等于 G 在竖直方向上的下落或上升的距离,只有在该方向上,G 也像其他物体那样施加了作用它的力。

这是很显然的。因为,如果我们把物体 G 在 $\triangle AFC$ 中从 A 到 F 的运动看成由一个水平分量 AC 和一个竖直分量 CF 所组成,并记得这个物体在水平方向的运动方面并不经受阻力(因为通过这种运动物体离重物体公共中心的距离既不增加也不减少)，就可以得到，只有由于物体通过竖直距离 CF 的升高才会遇到阻力。那么，既然物体 G 在从 A 运动到 F 时只在它通过竖直距离的上升时显示阻力，而另一个物体 H 则必须竖直地通过整个距离 FA，而且此种比例一直保持不变，不论运动距离是大是小。因为两个物体是不可伸缩地连接着的，那么我们就可以肯定地断言，在平衡的事例中(物体处于静止)，二物体的动量、速度或它们的运动倾向，也就是它们将在相等时段内通过的距离，必将和它们的重量成反比。这是在每一种力学运动的事例中都已被证明了的。[①]

因此，为了使重物 G 保持静止，H 必须有一个较小的重量，二者之比等于 CF 和较小的 FA 之比。如果我们这样做，$FA:FC=$ 重量 $G:$ 重量 H，那么平衡就会出现。也就是说重物 H 和 G 将具有相同的策动力，从而两个物体将达到静止。

① 此种处理近似于约翰·伯努利(1667—1748)于 1717 年提出的“虚动原理”。——英译者

既然我们已经同意一个运动物体的活力、能力、动量或运动倾向等于足以使它停止的力或最小阻力,而既然我们已经发现重物 H 能够阻止重物 G 的运动,那么就可以得到,其总力是沿着竖直方向的,较小重量 H 就将是较大的重量 G 沿斜面 FA 方向的分力的一种确切的量度。但是物体 G 自己的总力的量度却是它自己的重量,因为要阻止它下落只需用一个相等的重量来平衡它,如果这第二个重量可以竖直地运动的话;因此,沿斜面 FA 而作用在 G 上的分力和总力之比,将等于重量 H 和重量 G 之比。但是由作图可知,这一比值正好等于斜面高度 FC 和斜面长度 FA 之比,于是我们就得到我打算证明的引理。而你们即将看到,这一引理已经由我们的作者在后面的命题 6 的第二段证明中引用过了。

萨格:从你以上讨论了这么久的问题看来,按照比例等式的论证,我觉得似乎可以推断,同一物体沿着像 FA 和 FI 那样的倾角不同但高度却相同的斜面而运动的那些倾向,是同斜面的长度成反比的。

萨耳:完全正确。确立了这一点以后,我将进而证明下列定理:

若一物体沿倾角为任意值而高度相同的一些平滑斜面自由滑下,则其到达底端时的速率相同。

首先我们必须记得一件事实,即在一个倾角为任意的斜面上,一个从静止开始的物体将和时间成正比地增加速率或动量,这是和我们的作者所给出的自然加速运动的定义相一致的。由此即得,正像他在以上的命题中所证明的那样,所通过的距离正比于时间的平方,从而也正比于速率的平方。在这儿,速度的关系和在起初研究的运动(即竖直运动)中的关系相同,因为在每一事例中速率的增大都正比于时间。

设 AB 为一斜面,其离水平面 BC 的高度为 AC。正如我们在以上所看到的那样,迫使一个物体沿竖直线下落的力和迫使同一物体沿斜面下滑的力之比,等于 AB 比 AC。在斜面 AB 上,画 AD 使之等于 AB 和 AC 的第三比例项;于是,引起沿 AC 的运动的力和引起沿 AB(即沿 AD)的运动的力之比等于长度 AC 和长度 AD 之比。

因此,物体将沿着斜面 AB 通过空间 AD,所用的时间和它下落一段竖直距离 AC 所用的时间相同(因为二力之比等于这两个距离之比);另外,C 处的速率和 D 处速率之比也等于距离 AC 和距离 AD 之比。但是根据加速运动的定义,B 处的物体速率和 D 处的物体速率之比等于通过 AB 所需的时间和通过 AD 所需的时间;而且根据命题 2 的推论Ⅱ,通过距离 AB 所需的时间和通过 AD 所需的时间之比,等于距离 AC(AB 和 AD 的一个比例中项)和 AD 之比。

因此,B 和 C 处的两个速率中的每一个与 D 处的速率有相同的比值,即都等于距离 AC 和 AD 之比,因此可见它们是相等的。这就是我要证明的那条定理。

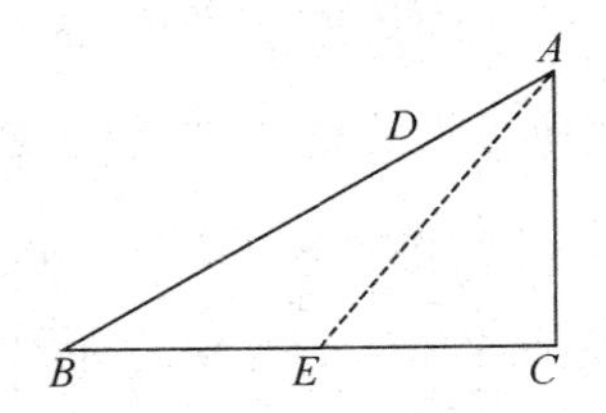

由以上所述,我们就更容易证明作者的下述命题 3 了。在这种证明中,他应用了下述原理:通过一个斜面所需的时间和通过该斜面的竖直高度所需的时间之比,等于斜面的长度和高度之比。

因为,按照命题 2 的推论Ⅱ,如果 BA 代表通过距离 BA 所需的时间,则通过 AD 所需的时间将是这两个距离之间的一个比例中项,并将由线段 AC 来代表;但是如果 AC 代表通过 AD 所需的时间,它就也将代表下落而通过 AC 所需的时间,因为距离 AC 和 AD 是在相等的时间内被通过的。

由此可见,如果 AB 代表 AB 所需的时间,则 AC 将代表 AC 所需的时间,因此,通过 AB 所需的时间和通过 AC 所需的时间之比,等于距离 AB 和 AC 之比。

同样也可以证明,通过 AC 下落所需的时间与通过任何另一斜面 AE 所需的时间之比,等于长度 AC 和长度 AE 之比;因此,由等式可知,沿斜面 AB 下降的时间和沿斜面 AE 下降的时间之比,等于距离 AB 和距离 AE 之比,等等。[①]

正如萨格利多将很快看到的那样,应用这同一条定

---

① 将这一论证用现代的明显符号表示出来,就有 $AC=\frac{1}{2}gt_c^2$,以及 $AD=\frac{1}{2}\cdot\frac{AC}{AB}gt_d^2$。如果现在 $AC^2=AB\cdot AD$,则立即得到 $t_d=t_c$。证毕。——英译者

理,将可立即证明作者的第六条命题。但是让我们在这儿停止这次离题之言,这也许使萨格利多厌倦了,尽管我认为它对运动理论来说是相当重要的。

萨格: 恰恰相反,它使我大为满足,我确实感到这对掌握这一原理是必要的。

萨耳: 现在让我们重新开始阅读。

定理 3　命题 3

如果同一个物体,从静止开始,沿一斜面下滑或沿竖直方向下落,二者有相同的高度,则二者的下降时间之比将等于斜面长度和竖直高度之比。

设 AC 为斜面而 AB 为竖直线,二者离水平面的高度 BA 相同,于是我就说,同一物体沿斜面 AC 的下滑时间和它沿竖直距离 AB 的下落时间之比,等于长度 AC 和 AB 之比。设 DG、EI 和 FL 是任意一些平行于水平线 BC 的直线;那么,从前面的讨论就可以得出,一个从 A 点出发的物体将在点 G 和点 D 得到相同的速率,因为在每一事例中竖直降落都是相同的。

同样,在 I 点和 E 点,速率也相同;在 L 点和 F 点也是如此。而且普遍地说,在从 AB 上任何点上画到 AC 上对应之点的任意平行线的两端,速率也将相等。

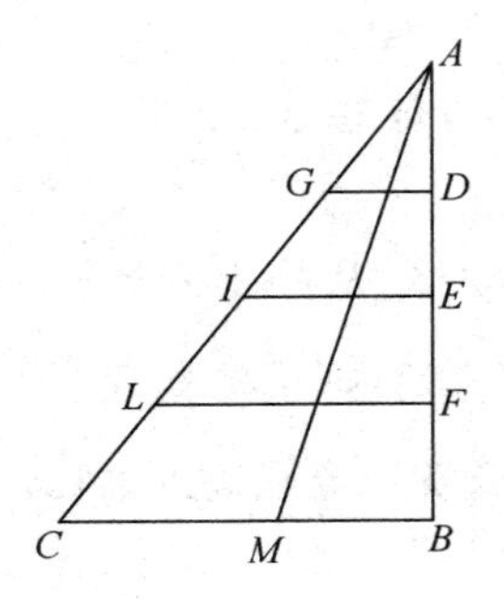

这样,二距离 AC 和 AB 就是以相同速率被通过的。但是已经证明,如果两个距离是由一个以相等的速率运动着的物体所通过的,则下降时间之比将等于二距离本身之比;因此,沿 AC 的下降时间和沿 AB 的下降时间之比,就等于斜面长度 AC 和竖直距离 AB 之比。

证毕。

萨格: 在我看来,上述结果似乎可以在一条已经证明的命题的基础上清楚而简洁地被证明了。那命题就是,在沿 AC 或 AB 的加速运动的事例中,物体所通过的距离和它以一个均匀速率通过的距离相同,该均匀速率之值等于最大速率 CB 的一半;两个距离 AC 和 AB 既然是由相同的均匀速率通过的,那么由命题 1 就显然可知,下降时间之比等于距离之比。

推论　因此我们可以推断,沿着一些倾角不同但竖直高度相同的斜面的下降时间,彼此之比等于各斜面的长度之比。因为,试考虑任何一个斜面 AM,从 A 延伸到水平面 CB 上,于是,仿照上述方式就可以证明,沿 AM 的下降时间和沿 AB 的下降时间之比,等于距离 AM 和 AB 之比。

但是,既然沿 AB 的下降时间和沿 AC 的下降时间之比等于长度 AB 和长度 AC 之比,那么,同样,就得到,沿 AM 下降的时间和沿 AC 下降的时间之比也等于 AM 和 AC 之比。

定理4　命题4

沿长度相同而倾角不同的斜面的下降时间之比等于各斜面的高度的平方根之比。

从单独一点 B 画斜面 BA 和 BC，它们具有相同的长度和不同的高度；设 AE 和 CD 是和竖直线 BD 相交的水平线，并设 BE 代表斜面 AB 的高度而 BD 代表斜面 BC 的高度。另外，设 BI 是 BD 和 BE 之间的一个比例中项；于是 BD 和 BI 之比等于 BD 和 BE 之比的平方根。

现在我说，沿 BA 和 BC 的下降时间之比等于 BD 和 BE 之比，于是，沿 BA 的下降时间就和另一斜面 BC 的高度联系了起来。就是说，作为沿 BC 的下降时间的 BD 和高度 BI 联系了起来。现在必须证明，沿 BA 的下降时间和沿 BC 的下降时间之比等于长度 BD 和长度 BI 之比。

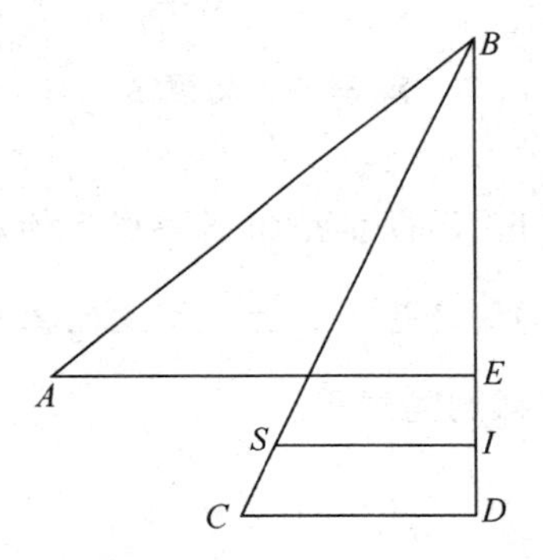

画 IS 平行于 DC；既然已经证明沿 BA 的下降时间和沿竖直线 BE 的下降时间之比等于 BA 和 BE 之比，而且也已证明沿 BE 的下降时间和沿 BD 的下降时间之比等于 BE 和 BI 之比。

同理也有，沿 BD 下滑的时间和沿 BC 的下滑时间之比等于 BD 和 BC 之比，或者说等于 BI 和 BS 之比，于是，由等式推出，就得到，沿 BA 的时间和沿 BC 的时间之比等于 BA 和 BS 之比，或者说等于 BC 和 BS 之比。然而，BC 比 BS 等于 BD 比 BI，由此即得我们的命题。

定理5　命题5

沿不同长度、不同斜角和不同高度的斜面的下降时间,相互之间的比率等于长度之间的比率乘以高度的反比的平方根而得到的乘积。

画斜面 AB 和 AC,其倾角、长度和高度都不相同。我们的定理于是就是,沿 AC 的下降时间和沿 AB 的下降时间之比,等于长度 AC 和 AB 之比乘以各斜面高度之反比的平方根。

设 AD 为一竖直线,向它那边画了水平线 BG 和 CD;另外设 AL 是高度 AG 和 AD 之间的一个比例中项,从点 L 作水平线和 AC 交于 F,因此 AF 将是 AC 和 AE 之间的一个比例中项。

现在,既然沿 AC 的下降时间和沿 AE 下降的时间之比等于长度 AF 和 AE 之比,而且沿 AE 下降的时间和沿 AB 下降的时间之比等于 AE 和 AB 之比,即就显然有,沿 AC 下降的时间和沿 AB 下降的时间之比等于

AF 和 AB 之比。

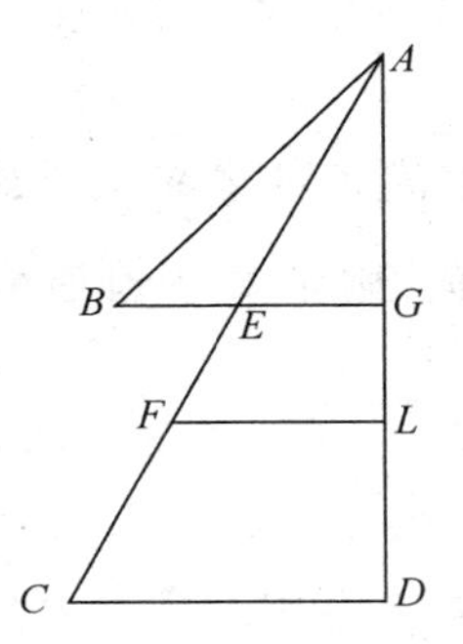

于是,剩下来的工作就是要证明 AF 和 AB 之比等于 AC 和 AB 之比乘以 AG 和 AL 之比,后一比值即等于高度 DA 和 GA 之平方根的反比。现在,很显然,如果我们联系到 AF 和 AB 来考虑线段 AC,则 AF 和 AC 之比就与 AL 和 AD 之比,或说与 AG 和 AL 之比相同,而后者就是二长度本身之比。由此即得定理。

定理6　命题6

如果从一个竖直圆的最高点或最低点任意画一些和圆周相遇的斜面，则沿这些斜面的下降时间将彼此相等。

在水平线 GH 上方画一个竖直的圆。在它的最低点(和水平线相切之点)，画直径 FA，并从最高点 A 开始，画斜面到 B 和 C；B、C 为圆周上的任意点。然后，

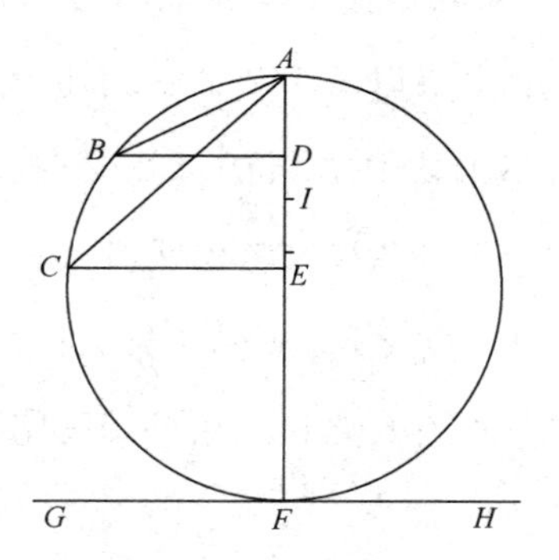

沿这些斜面的下降时间都相等。画 BD 和 CE 垂直于直径。设 AI 是二斜面的高度 AE 和 AD 之间的一个比例

中项;而且既然长方形 $FA \cdot AE$[①] 和 $FA \cdot AD$ 分别等于正方形 $AC \cdot AC$ 和 $AB \cdot AB$ 之比,而长方形 $FA \cdot AE$ 和长方形 $FA \cdot AD$ 之比等于 AE 和 AD 之比,于是就得到 AC 的平方和 AB 的平方之比等于长度 AE 和长度 AD 之比。

但是,既然长度 AE 和 AD 之比等于 AI 的平方和 AD 的平方之比,那就得到,以线段 AC 和 AB 为边的两个正方形之比,等于各以 AI 和 AD 为边的两个正方形之比。于是由此也得到,长度 AC 和长度 AB 之比等于 AI 和 AD 之比。但是以前已经证明,沿 AC 的下降时间和沿 AB 的下降时间之比等于 AC 和 AB 以及 AD 和 AI 两个比率之积,而后一比率与 AB 和 AC 的比率相同。

因此沿 AC 的下降时间和沿 AB 的下降时间之比等于 AC 和 AB 之比乘以 AB 和 AC 之比,因此这两下降时间之比等于 1。由此即得我们的命题。

---

① 本书常用"矩形××·××"符号,该符号含有双重意义。例如"矩形 $FA \cdot AE$",它主要表示以 FA 和 AE 为其邻边形成的矩形。有时在运算中它又表示该矩形的面积。——编辑注

利用力学的原理可以得到相同的结果,也就是说一个下降的物体将需要相等的时间来通过下页左上图[①]中所示的距离 CA 和 DA。沿 AC 作 BA 等于 DA,并作垂线 BE 和 DF;由力学原理即得,沿斜面 ABC 作用的分动量和总动量(即自由下落物物体的动量)之比等于 BE 和 BA 之比。

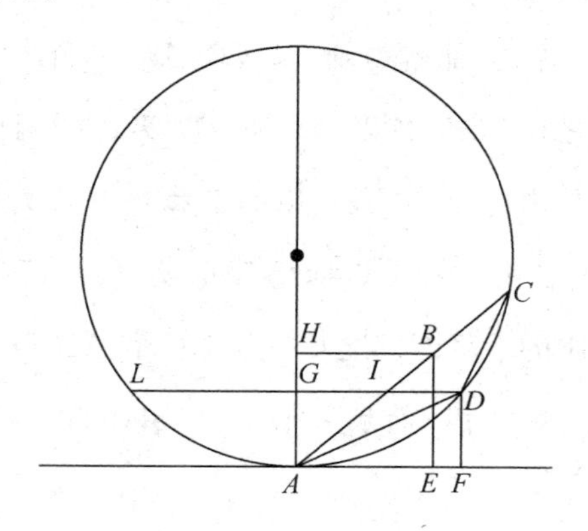

同理,沿斜面 AD 的分动量和总动量(即自由下落物体的动量)之比,等于 DF 和 DA 之比,或者说等于 DF 和 BA 之比。

因此,同一重物沿斜面 DA 的动量和沿斜面 ABC

① 指下图,编者注

的动量之比，等于长度 DF 和长度 BE 之比。因为这种原因，按照命题 2，同一重物将在相等的时间内沿斜面 CA 和 DA 而通过空间；二者之比等于长度 BE 和 DF 之比。但是，可以证明，$CA : DA = BE : DF$。因此，下降物体将在相等的时间内通过路程 CA 和 DA。

另外，$CA : DA = BE : DF$ 这一事实可以证明如下：连接 C 和 D；经过 D 画直线 DGL 平行于 AF 而与 AC 相交于 I；通过 B 画直线 BH 也平行于 AF。于是，$\angle ADI$ 将等于 $\angle DCA$，因为它们所张的 $\overset{\frown}{LA}$ 和 $\overset{\frown}{DA}$ 相等，而既然 $\angle DAC$ 是公共角，$\triangle CAD$ 和 $\triangle DAI$ 中此角的两个边将互成比例；因此 $DA : IA$ 就等于 $CA : DA$，亦即等于 $BA : IA$，或者说等于 $HA : GA$，也就是 $BE : DF$。

证毕。

这同一条命题可以更容易地证明如下：在水平线 AB 上方画一个圆，其直径 DC 是竖直的。从这一直径的上端随意画一个斜面 DF 延伸到圆周上；于是我说，一物体沿斜面 DF 滑下所需的时间和沿直径 DC 下落所需的时间相同。

因为,画直线 FG 平行于 AB 而垂直于 DC,连接 FC;既然沿 DC 的下落时间和沿 DG 的下落时间之比等于 CD 和 GD 之间的比例中项和 GD 本身之比,而且 DF 是 DC 和 DG 之间的一个比例中项,内接于半圆之内的 $\angle DFC$ 为一直角,而 FG 垂直于 DC,于是就得到,沿 DC 的下落时间和沿 DG 的下落时间之比等于长度 FD 和 GD 之比。

但是前已证明,沿 DF 的下降时间和沿 DG 的下降时间之比等于长度 DF 和 DG 之比,因此沿 DF 的下降时间和沿 DC 的下降时间各自和沿 DG 的下降时间之比是相同的,从而它们是相等的。

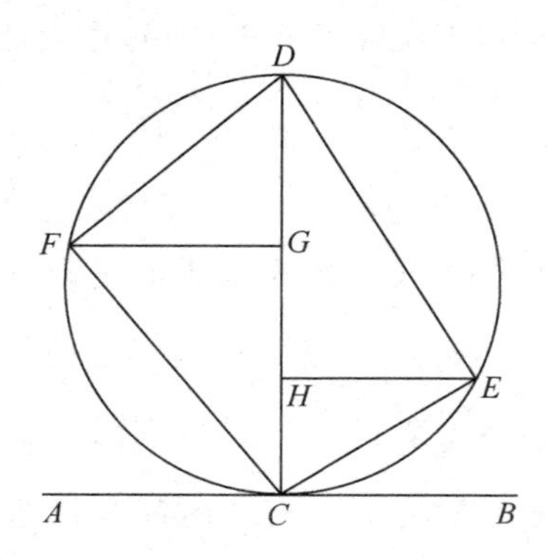

同样可以证明,如果从直径的下端开始画弦 CE,也画 EH 平行于水平线,并将 E、D 二点连接起来,则沿 EC 的下降时间将和沿 DC 的下降时间相同。

推论Ⅰ　沿通过 C 点或 D 点的一切弦的下降时间都彼此相等。

推论Ⅱ　由此可知,如果从任何一点开始画一条竖直线和一条斜线,而沿二者的下降时间相等,则斜线将是一个半圆的弦而竖直线则是该半圆的直径。

推论Ⅲ　另外,对若干斜面来说,当各斜面上长度相等处的竖直高度彼此之间的比等于各该斜面本身长度之比时,沿各该斜面的下降时间将相等。例如在前页上图①中,如果 AB(AB 等于 AD)的竖直高度,即 BE,和竖直高度 DF 之比等于 CA 比 DA 的话,沿 CA 和 DA 的下降时间将相等。

萨格: 请允许我打断一下你的讲话,以便我弄明白刚刚想到的一个概念。这一概念如果不涉及什么谬见,它就至少会使人想到一种奇特而有趣的情况,就像在自

① 指本书 94 页图。——编辑注

然界和在必然推论范围内常常出现的那种情况一样。

如果从水平面上一个任意定点向一切方向画许多伸向无限远处的直线,而且我们设想沿着其中每一条线都有一个点从给定的点从同一时刻以恒定的速率开始运动,而且运动的速率是相同的,那么就很显然,所有的这些点将位于同一个越来越大的圆周上,永远以上述那个定点为圆心。这个圆向外扩大,完全和一个石子落入静止的水中时水面上波纹的扩展方式相同,那时石子的撞击引起沿一切方向传播的运动,而打击之点则保持为这种越来越扩大的圆形波纹的中心。设想一个竖直的平面,从面上最高的一点沿一切倾角画一些直线通向无限远处,并且设想有一些重的粒子沿着这些直线各自进行自然加速运动,其速率各自适应其直线的倾角。如果这些运动粒子永远是可以看到的,那么它们的位置在任一时刻的轨迹将是怎样的呢?现在,这个问题的答案引起了我的惊讶,因为我被以上这些定理引导着相信这些粒子将永远位于单独一个圆的圆周上,随着粒子离它们的运动开始的那一点越来越远,该圆将越来越大。

为了更加确切,设 A 是直线 AF 和 AH 开始画起的那个固定点，二直线的倾角可为任意值。在竖直线 AB 上取任意的点 C 和 D，以二点为心各画一圆通过点 A 并和二倾斜直线相交于点 F、H、B、E、G、I。

由以上各定理显然可知，如果各粒子在同一时刻从 A 出发而沿着这些直线下滑，则当一个粒子达到 E 时，另一粒子将达到 G，而另一粒子将达到 I；在一个更晚的时刻，它们将同时在 F、H 和 B 上出现，这些粒子，而事实上是无限多个沿不同的斜率而行进的粒子，将在相继出现的时刻永远位于单独一个越来越扩大的圆上。

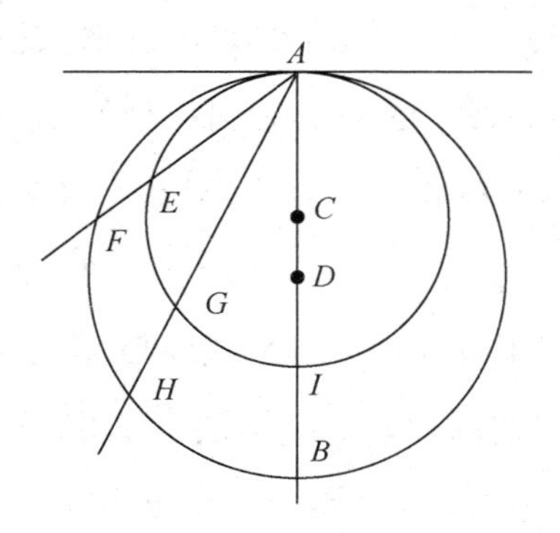

因此，发生在自然界中的这两种运动，引起两个无限系列的圆，它们同时是相仿的而又是相互不同的：其中一个序列起源于无限多个同心圆的圆心，而另一个系

列则起源于无限多个非同心圆的最高的相切点。前者是由相等的、均匀的运动引起的,而后者则是由一些既不均匀、彼此也不相等而是随轨道斜率而各不相同的运动引起的。

另外,如果从取作运动原点的两个点开始,我们不仅是在水平的和竖直的平面上,而是沿一切方向画那些直线,则正如在以上两种事例中那样,从单独一个点开始,产生一些越来越扩大的圆;而在后一种事例中,则在单独一点附近造成无限多的球面,或者,也可以说是造成单独一个其体积无限膨胀的球,而且这是用两种方式发生的,一种的原点在球心,而另一种的原点在球面上。

萨耳: 这个概念实在美妙,而且无愧于萨格利多那聪明的头脑。

辛普: 至于我,则用一种一般的方法来理解两种自然运动如何引起圆和球;不过关于加速运动引起的圆及其证明,我却还不完全明白。但是可以在最内部的圆上或是在球的正顶上取运动原点这一事实,却引导人想到可能有某种巨大奥秘隐藏在这些真实而奇妙的结果中,这可能是一种和宇宙的创生有关的奥秘(据说宇宙的形状是球形的),也可能是一种和第一原因的所在有关的奥秘。

萨耳:我毫不迟疑地同意你的看法。但是这一类深奥的考虑属于一种比我们的科学更高级的学术。我们必须满足于那些不那么高贵的工作者,他们从采石场获得大理石,而后那有天才的雕刻家才能创作那些隐藏在粗糙而不成模样的外貌中的杰作。现在如果你们愿意,就让咱们继续进行吧!

定理7　命题7

如果两个斜面的高度之比等于它们的长度平方之比，则从静止开始的物体将在相等的时间滑过它们的长度。

试取长度不同而倾角也不同的斜面AE和AB，其高度为AF和AD；设AF和AD之比等于AE平方和AB平方之比，于是我就说，一个从静止开始的物体将在相等的时间内滑过AE和AB。

从竖直线开始画水平的平行线EF和DB，后者和AE交于G点。既然$FA:DA=DV:EA^2:BA^2$，[①]而且$FA:DA=EA:GA$，于是即得$EA:GA=EA^2:BA^2$，因此BA就是EA和GA之间的一个比例中项。

现在，既然沿AB的下降时间和沿AG的下降时间之比等于AB和AG之比，而且沿AG的下降时间和沿

① 原文如此，显然有误，似宜作$FA:DA=EA^2:BA^2$，按图中并无DV。——中译者

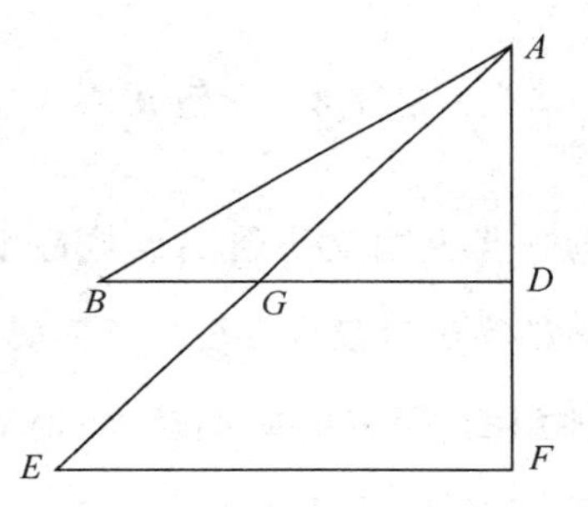

AE 的下降时间之比等于 AG 和 AE、AG 之间的一个比例中项之比，也就是和 AB 之比，因此就得到，沿 AB 的下降时间和沿 AE 的下降时间之比等于 AB 和它自己之比，因此两段时间是相等的。

证毕。

定理 8　命题 8

沿着和同一竖直圆交于最高点或最低点的一切斜面的下降时间都等于沿竖直直径的下落时间：对于达不到直径的那些斜面，下降时间都较短；而对于和直径相交的那些斜面，下降时间都较长。

设 AB 为和水平面相切的一个圆的竖直直径。已知证明，在从 A 端或 B 端画到圆周的各个斜面上，下降时间都相等。斜面 DF 没达到直径。为了证明沿该斜面的下降时间较短，我们可以画一斜面 DB，它比 DF 更长，而其倾斜度也较小。

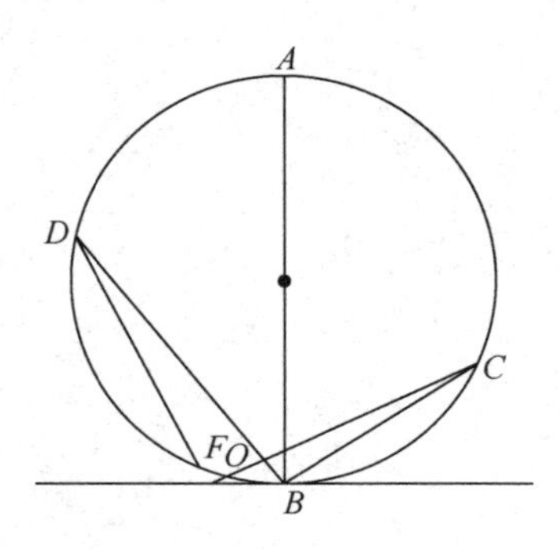

由此可知,沿 DF 的下降时间比沿 DB 的下降时间要短,从而也就比沿 AB 下落的时间要短。

同样可以证明,在和直径相交的斜面 CO 上,下降时间较长,因为 CO 比 CB 长,而其倾斜度也较小。由此即得所要证明的定理。

定理9　命题9

从一条水平线的任意点开始画两个斜面,其倾角为任意值;若两个斜面和一条直线相交,其相交之角各等于另一斜面和水平线的交角,则通过两平面被截出的部分的下降时间相等。

通过水平线上的 C 点画两个斜面 CD 和 CE,其倾角任意;从斜面 CD 上的任一点,画出 $\angle CDF$ 使之等于 $\angle XCE$;设直线 DF 和斜面 CE 相交于 F,于是 $\angle CDF$ 和 $\angle CFD$ 就分别等于 $\angle XCE$ 和 $\angle LCD$,于是我就说,通过 CD 和通过 CF 的下降时间是相等的。

现在,既然 $\angle CDF$ 等于 $\angle XCE$,由作图就显然可知 $\angle CFD$ 必然等于 $\angle LCD$,因为,如果把公共角 $\angle DCF$ 从 $\triangle CDF$ 的等于二直角的三个角中减去,则剩下来的三角形中的两个角 $\angle CDF$ 和 $\angle CFD$ 将分别等于两个角 $\angle XCE$ 和 $\angle LCD$(因为在 LX 下边 C 点附近可以画出的三个角也等于二直角);但是根据假设,$\angle CDF$ 和

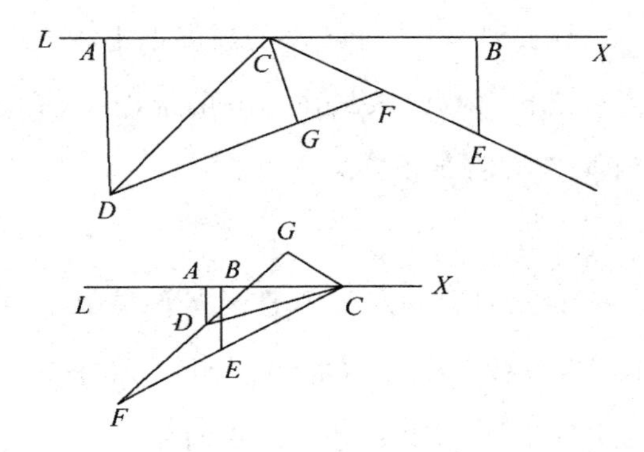

$\angle XCE$ 是相等的，因此，剩下来的 $\angle CFD$ 就等于剩下来的 $\angle LCD$。

取 CE 等于 CD；从 D、E 二点画 DA 和 EB 垂直于水平线 XL；并从点 C 作直线 CG 垂直于 DF。

现在，既然 $\angle CDG$ 等于 $\angle ECB$，而 $\angle DGC$ 和 $\angle CBE$ 为直角，那么就得到 $\triangle CDG$ 和 $\triangle CBE$ 是等角的。

于是就有，$DC : CG = CE : EB$，但是 DC 等于 CE，因此 CG 就等于 EB。既然 $\triangle DAC$ 中 C 处的角和 A 处的角等于 $\triangle CGF$ 中 F 处的角和 G 处的角，我们就有，$CD : DA = FC : CG$，而转换后，就有，$DC : CF = DA : CG = DA : BE$。

于是,等长斜面 CD 和 CE 的高度之比,等于其长度 DC 和 CF 之比,因此,根据命题 6 的推论 Ⅰ,沿这两个斜面的下降时间将是相等的。

证毕。

另一种证法如下:画 FS 垂直于水平线 AS。于是,既然△CSF 和△DGC 相似,我们就有 $SF:FC=GC:CD$,而既然△CFG 和△DCA 相似,我们就有 $FC:CG=CD:DA$。

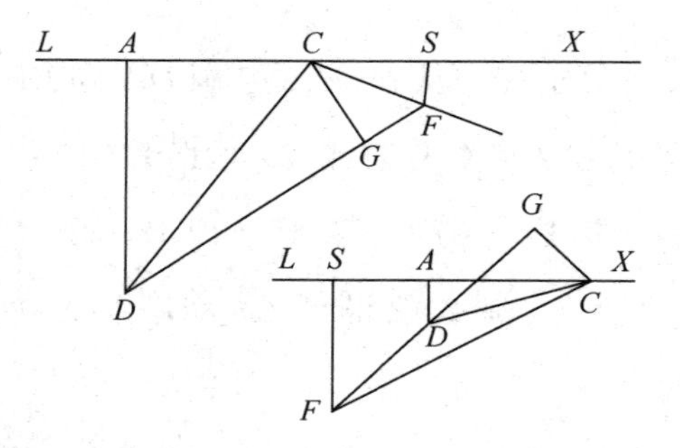

因此,就有等式,就有 $SF:CG=CG:DA$。因此 CG 是 SF 和 DA 之间的一个比例中项,而 $DA:SF=DA^2:CG^2$。

再者,既然△ACD 和△CGF 相似,我们就有 $DA:DC=GC:CF$,从而,转换后,即得 $DA:CG=DC:CF$;另外

也有 $DA^2 : CG^2 = DC^2 : CF^2$。

但是,前已证明 $DA^2 : CG^2 = DA : FS$,因此,由上面的命题 7,既然斜面 CD 和 CF 的高度 DA 和 FS 之比等于两斜面长度的平方之比,那么就有沿这两个斜面的下降时间将相等。

定理 10　命题 10

沿高度相同、倾角不同的斜面的下降时间之比等于各该斜面的长度之比。而不论运动是从静止开始还是先经历了一次从某一高度的下落,这种比例关系都是成立的。

设下降的路程是沿着 ABC 和 FBD 而到达水平面 DC,以在沿 BD 和 BC 下降之前有一段沿 AB 的下落。于是我就说,沿 BD 的下降时间和沿 BC 的下降时间之比,等于长度 BC 和 BD 之比。画水平线 AF 并延长 DB 使它和水平线交于 F;设 FE 为 DF 和 FB 之间的一

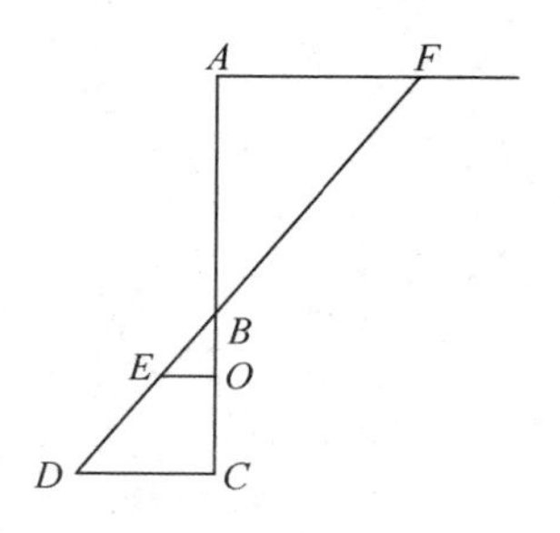

个比例中项;画 EO 平行于 DC;于是 AO 将是 CA 和

AB 之间的一个比例中项。

如果我们现在用长度 AB 来代表沿 AB 的下落时间，则沿 FB 的下降时间将用距离 FB 来代表，而通过整个距离 AC 的下落时间也将用比例中项 AO 来代表，而沿整个距离 FD 的下降时间则将用 FE 来代表。于是沿剩余高度 BC 的下落时间将用 BO 来代表，而沿剩余长度 BD 的下降时间将用 BE 来代表。

但是，既然 $BE : BO = BD : BC$，那就可以推知，如果我们首先允许物体沿着 AB 和 FB 下降，或者同样地沿着公共距离 AB 下落，则沿 BD 和 BC 的下降时间之比将等于长度 BD 和 BC 之比。

但是我们以前已经证明，在 B 处从静止开始沿 BD 的下降时间和沿 BC 的下降时间之比等于长度 BD 和 BC 的比。因此，沿高度相同的不同斜面的下降时间之比，就等于这些斜面的长度之比，不论运动是从静止开始还是先经历了从一个公共高度上的下落。

证毕。

定理11　命题11

如果一个斜面被分为任意两部分，而沿此斜面的运动从静止开始，则沿第一部分的下降时间和沿其余部分的下降时间之比，等于第一部分的长度和第一部分与整个长度之间的一个比例中项比第一部分超出的超过量之比。

设下落在 A 处从静止开始而通过了整个距离 AB，而此距离在任意 C 处被分成两部分；另外，设 AF 是整个长度 AB 和第一部分 AC 之间的一个比例中项；于是 CF 将代表这一比例中项 FA 比第一部分 AC 多出的部分。

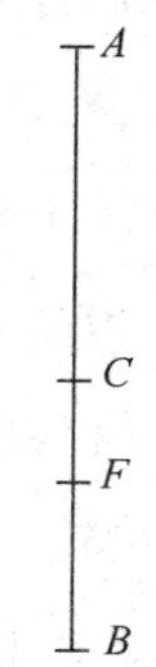

现在我说，沿 AC 的下落时间和随后沿 CB 的下落时间之比，等于 AC 和 CF 之比。这是显然的，因为沿 AC 下落的时间和沿整个距离 AB 下落的时间之比等于 AC 和比例中项 AF 之比。

因此，根据分比定理，沿 AC 的时间和沿剩余部分 CB 的时间之比，就等于 AC 和 CF 之比。

如果我们同意用长度 AC 来代表沿 AC 下落的时间，则沿 CB 下落的时间将用 CF 来代表。

证毕。

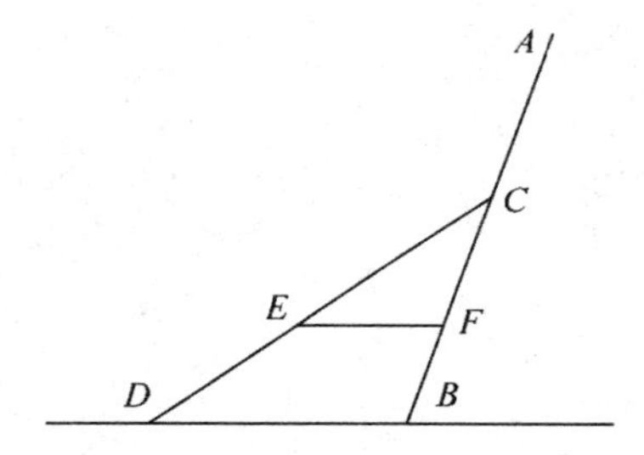

如果运动不是沿着直线 ACB 而是沿着折线 ACD 到达水平线 BD 的，而且如果我们从 F 画水平线 FE，就可以用相似的方法证明，沿 AC 的时间和沿斜线 CD 的时间之比，等于 AC 和 CE 之比。

因为，沿 AC 的时间和沿 CB 的时间之比，等于 AC 和 CF 之比；但是，已经证明，在下降了一段距离 AC 之后，沿 CB 的时间和在下降了同一段距离之后沿 CD 的时间之比,等于 CB 和 CD 之比,或者说等于 CF 和 CE 之比。

因此,同样沿 AC 的时间和沿 CD 的时间之比,就将等于长度 AC 和长度 CE 之比。

定理 12　命题 12

如果一个竖直平面和任一斜面被两个水平面所限定,如果我们取此二面长度和二面交线与上一水平面之间的两个部分之间的比例中项,则沿竖直面的下降时间和沿竖直面上一部分的下降时间加沿斜面下一部分的下降时间之比,等于整个竖直面的长度和另一长度之比;后一长度等于竖直面上的比例中项长度加整个斜面和比例中项之差。

设 AF 和 CD 为限定竖直面 AC 和斜面 DF 的两个平面;设后二面相交于 B。设 AR 为 AC 和它的上部 AB 之间的一个比例中项,并设 FS 为 FD 和其上部 FB 之间的一个比例中项。

于是我就说,沿整个竖直路程 AC 的下落时间和沿其上一部分 AB 的下落时间加上沿斜面的下一部分 BD 的下降时间之比,等于长度 AC 和另一长度之比,该另一长度等于竖直面上的比例中项 AR 和长度 SD 之比,而 SD 即整个斜面长度 DF 及其比例中项 FS 之差。

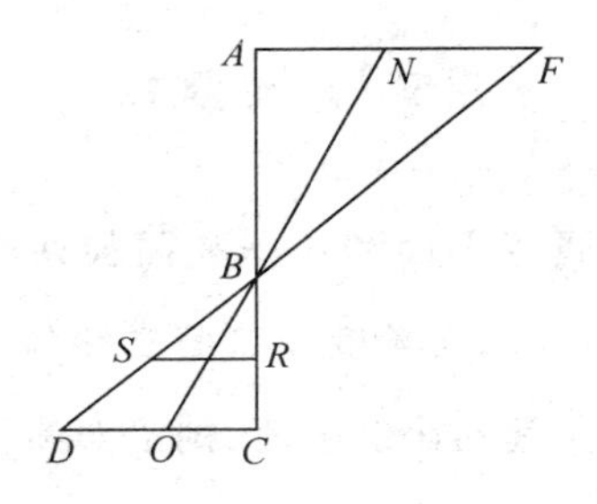

连接 R、S 二点成一水平线 RS。现在,既然通过整个距离 AC 的时间和沿 AB 部分的时间之比等于 AC 和比例中项 AR 之比,那么就有,如果我们同意用距离 AC 来代表通过 AC 的下落时间,则通过距离 AB 的下落时间将用 AR 来代表,而且通过剩余部分 BC 的下落时间将用 RC 来代表。

但是,如果沿 AC 的下落时间被认为等于长度 AC,则沿 FD 的时间将等于距离 FD,从而我们可以同样地推知,沿 BD 的下降时间在经过了沿 FB 或 AB 的一段下降以后,将在数值上等于距离 DS。

因此,沿整个路程 AC 下落所需的时间就等于 AR 加 RC,而沿折线 ABD 下降的时间则将等于 AR 加 SD。

证毕。

如果不取竖直平面而代之以另一个任意斜面，例如NO，同样的结论仍然成立；证明的方法也相同。

问题1　命题13

已给一长度有限的竖直线，试求一斜面，其高度等于该竖直线，而且倾角适当，使得一物体从静止开始沿所给竖线下落以后又沿斜面滑下，所用的时间和它竖直下落的时间相等。

设AB代表所给的竖直线；延长此线到C，使BC等于AB，并画出水平线CE和AG，要求从B到水平线CE画一斜面，使得一个物体在A处从静止开始下落一段距离AB以后将在相同的时间内完成沿这一斜面的下滑。

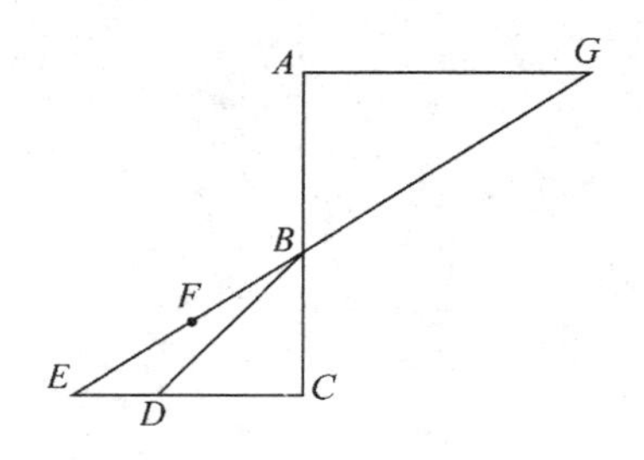

画 CD 等于 BC,并画直线 BD,作直线 BE 等于 BD 和 DC 之和;于是我说,BE 就是所求的斜面。延长 EB 使之和水平线 AG 相交于 G。设 GF 是 GE 和 GB 之间的一个比例中项,于是就有 $EF:FB=EG:GF$,以及 $EF^2:FB^2=EG^2:GF^2=EG:GB$。

但 EG 等于 GB 的两倍,故 EF 的平方为 FB 平方的两倍,而且 DB 的平方也是 BC 平方的两倍。

因此,$EF:FB=DB:BC$,而由等式变换,就有 $EB:(DB+BC)=BF:BC$。但是 $EB=DB+BC$,由此即得 $BF=BC=BA$。

如果我们同意长度 AB 将代表沿线段 AB 下落的时间,则 GB 将代表沿 GB 的下降时间,而 GF 将代表沿整个距离 GE 的下降时间,因此 BF 将代表从 G 点或 A 点下落之后沿此二路径之差即 BE 的下降时间。

证毕。

问题 2 命题 14

已给一斜面和穿过此面的一根竖直线,试求竖直线上部的一个长度,使得一个物体从静止而沿该长度下落的时间等于物体在上述长度上落下以后沿斜面下降所需的时间。

设 AC 为斜面而 DB 为竖直线。要求找出竖直线 AD 上的一段距离,使得物体从静止下落而通过这段距离的时间和它下落之后沿斜面 AC 下降的时间相等。画水平线 CB,取 AE,使得 $(BA+2AC):AC=AC:AE$;并

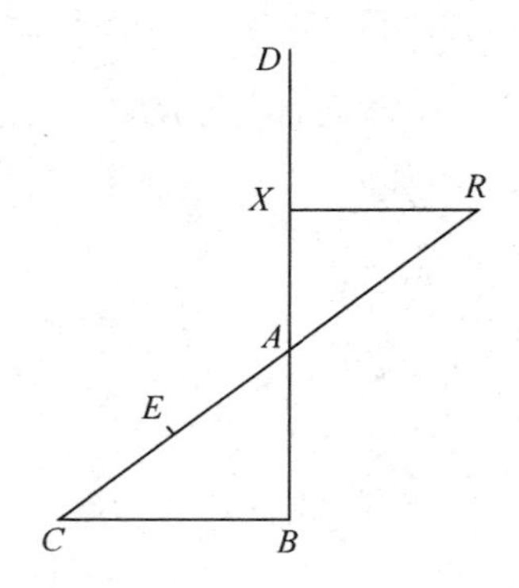

取 AR，使得 $BA:AC=EA:AR$。从 R 作 RX 垂直于 DB；于是我说，X 就是所求之点。

因为，既然 $(BA+2AC):AC=AC:AE$，那么就由分比定理得，$(BA+AC):AC=CE:AE$。而且，既然 $BA:AC=EA:AR$，那么，由合比定理，就有 $(BA+AC):AC=ER:RA$。

但是 $(BA+AC):AC=CE:AE$，于是就有 $CE:EA=ER:RA=$ 前项之和：后项之和 $=CR:RE$。于是 RE 就应该是 CR 和 RA 之间的一个比例中项。

另外，既然已经假设 $BA:AC=EA:AR$，而且由相似三角形可得 $BA:AC=XA:AR$，因此就有 $EA:AR=XA:AR$，因此 EA 和 XA 相等。

如果我们同意通过 RA 的下落时间将用长度 RA 来代表，则沿 RC 的下落时间将由作为 RA 和 RC 之间的比例中项的长度 RE 来代表。

同样，AE 将代表在沿 RA 或 AX 下降之后沿 AC 的下降时间。但是，沿 XA 的下落时间是由长度 XA 来代表的，而 RA 则代表通过 RA 的下降时间。已经证明 XA 和 AE 相等。

证毕。

问题3　命题15

给定一竖直线和一斜面，试在二者交点下方的竖直线上求出一个长度，使它将和斜面要求相等的下降时间；在此两种运动以前，都有一次沿给定竖直线的下落。

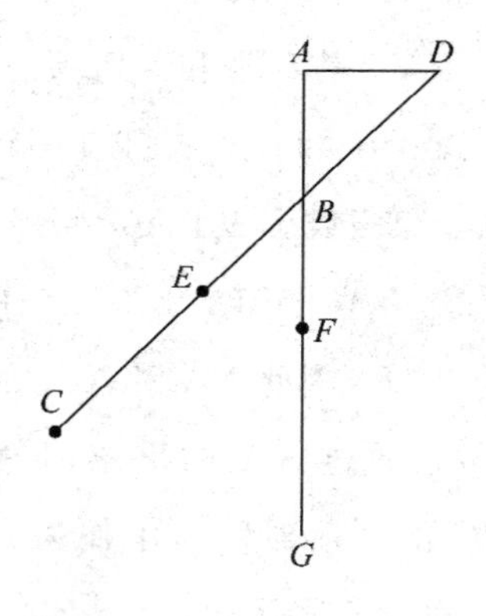

设 AB 代表此竖直线而 BC 代表斜面，要求在交点以下的竖直线上找出一个长度，使得在从 A 点下落以后物体将以相等的时间通过该长度或通过 BC。

画水平线 AD 和 CB 的延长线相交于 D；设 DE 是 CD 和 DB 之间的一个比例中项；取 BF 等于 BE，并设

AG 是 BA 和 AF 的一个第三比例项。于是我说，BG 就是那个距离，即一个物体在通过 AB 下落以后将以和在相同下落之后沿斜面 BC 下降的相等的时间内沿该长度下落。

因为，如果我们假设沿 AB 的下落时间用 AB 来代表，则沿 DB 的时间将用 DB 来代表。而且，既然 DE 是 BD 和 DC 之间的一个比例中项，那么同一 DE 就将代表沿整个长度 DC 的下降时间，而 BE 则将代表沿二路程之差即 BC 下降所需的时间，如果在每一事例中下落都是在 D 或在 A 从静止开始。

同样我们可以推知，BF 代表在相同先期下落以后沿距离 BG 的下降时间，但是 BF 等于 BE。因此问题已解。

定理 13 命题 16

如果从相同一点画一个有限的斜面和一条有限的竖直线,设一物体从静止开始沿此二路程下落的时间相等,则一个从较大高度下落的物体将在比沿竖直线下落更短的时间内沿斜面滑下。

设 EB 为此竖直线而 CE 为此斜面,二者都从共同点 E 开始,而且一个在 E 点从静止开始的物体将在相等的时间沿直线下落或沿斜面下滑;将竖直线向上延长到任意点 A,下落物体将从此点开始。于是我说,在通

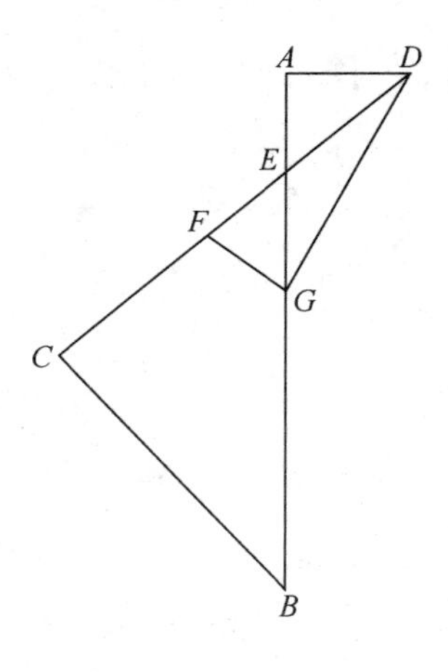

过 AE 下落以后，物体沿斜面 EC 下滑的时间将比沿竖直线 EB 下落的时间为短。

连接 CB 线；画水平线 AD，并向后延长 CE 直到它和 AD 相交于 D。

设 DF 是 CD 和 DE 之间的一个比例中项，并取 AG 成为 BA 和 AE 之间的一个比例中项。

画 FG 和 DG。于是，既然在 E 点从静止开始而沿 EC 或 EB 下降的时间相等，那么，由命题 6 的推论 Ⅱ 就得到，C 处的角是直角，且 A 处的角也是直角，而且 E 处的对顶角也相等，从而 $\triangle AED$ 和 $\triangle CEB$ 是等角的，从而其对应边应成比例；由此即得 $BE : EC = DE : EA$，因此长方形 $BE \cdot EA$ 等于长方形 $CE \cdot ED$。

既然长方形 $CD \cdot DE$ 比长方形 $CE \cdot ED$ 多出一个正方形 ED(即 ED 的平方)，而且长方形 $BA \cdot AE$ 比长方形 $BE \cdot EA$ 多出一个 EA 的平方，那么就有，长方形 $CD \cdot DE$ 比长方形 $BA \cdot AE$ 多出之量，或者说 FD 的平方比 AG 平方多出之量，将等于 DE 的平方比 AE 平方多出之量，等于 AD 的平方，因此 $FD^2 = GA^2 + AD^2 = GD^2$。

由此可见，DF 等于 DG，而且 $\angle DGF$ 等于 $\angle DFG$，

而$\angle EGF$小于$\angle EFG$,从而对边EF小于对边EG。

如果我们现在同意用长度AE来代表通过AE的下落时间,则沿DE的时间将用DE来代表。而且,既然AG是BA和AE之间的一个比例中项,那么就有,AG将代表沿整个距离AB的下落时间,而差量EG则将代表在A处从静止开始而沿路径差EB的下落时间。

同样,EF代表在D处从静止开始或在A处下落而沿EC下降的时间。但是已经证明EF小于FG,于是即得上述定理。

推论 由这一命题和前一命题可以清楚地看出,一物体在下落一段距离以后再在通过一个斜面所需的时间内继续下降的竖直距离,将大于该斜面的长度,但是却小于不经任何预先下落而在斜面上经过的距离。

因为,既然我们刚才已经证明,从较高的A点下落的物体将通过前一个图中的斜面,而所用时间比沿竖直线EB继续下落所用的时间短,那么就很明显,在和沿EC下落的时间相等的时间内沿EB前进的距离将小于整个距离EB。

现在为了证明这一竖直距离大于斜面EC的长度,

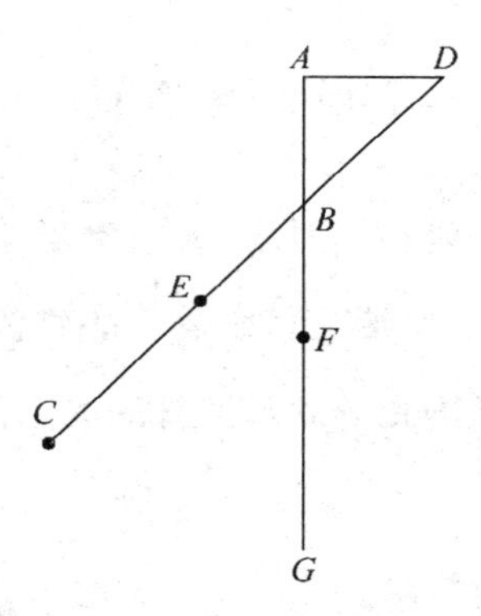

我们把上一定理中的图重画在这儿，在此图中，在预先通过 AB 下落以后，物体在相等的时间内通过竖直线 BG 或斜面 BC。关于 BG 大于 BC，可以证明如下：既然 BE 和 FB 相等，而 BA 小于 BD，那么就有，FB 和 BA 之比将大于 EB 和 BD 之比。

按照合比定理，FA 和 BA 之比就大于 ED 和 DB 之比；但是 $FA : AB = GF : FB$(因为 AF 是 BA 和 AG 之间的一个比例中项)，而且同样也有 $ED : BD = CE : EB$，因此即得，GB 和 BF 之比将大于 CB 和 BE 之比，因此 GB 大于 BC。

问题 4　命题 17

已给一竖直线和一斜面,要求沿所给斜面找出一段距离,使得一个沿所给竖直线落下的物体沿此距离的下降时间等于它从静止开始沿竖直线的下落时间。

设 AB 为所给竖直线而 BE 为所给斜面。问题就是在 BE 上定出一段距离,使得一个物体在通过 AB 下落之后将在一段时间内通过该距离,而该时间则恰好等于物体从静止开始沿竖直线 AB 落下所需要的时间。

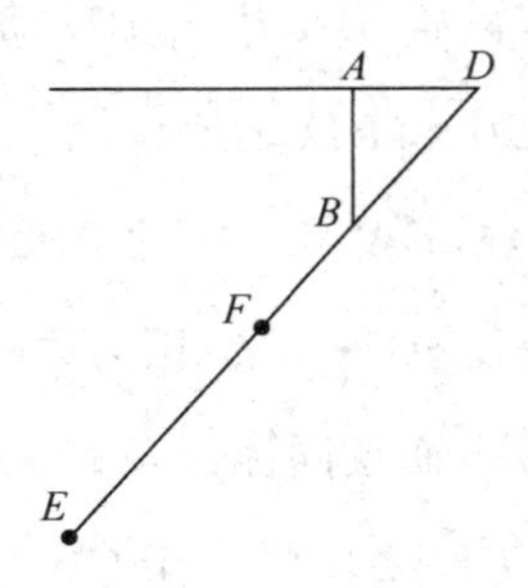

画水平线 AD 并延长斜面至和该线相交于 D。取 FB 等于 BA;并选定点 E 使得 $BD:FD=DF:DE$。

于是我说，在通过 AB 下落以后，物体沿 BE 的下降时间就等于物体在 A 处从静止开始而通过 AB 的下落时间。

因为，如果我们假设长度 AB 就代表通过 AB 的下落时间，则通过 DB 的下降时间将由长度 DB 来代表。

既然 $BD : FD = DF : DE$，就可以推知，DF 将代表沿整个斜面 DE 的下降时间，而 BF 则代表在 D 处从静止开始而通过 BE 部分的下降时间；但是在首先由通过 DB 下降以后沿 BE 的下降时间和在首先通过 AB 下落以后沿 BF 的下降时间相同。

因此，在 AB 以后沿 BE 的下降时间将是 BF，而 BF 当然等于在 A 处从静止开始而通过 AB 的下落时间。

证毕。

问题5　命题18

已知一物体将在给定的一个时段内从静止开始竖直下落所通过的距离,并已知一较小的时段,试求出另一相等的竖直距离使物体将在已知较小时段内通过之。

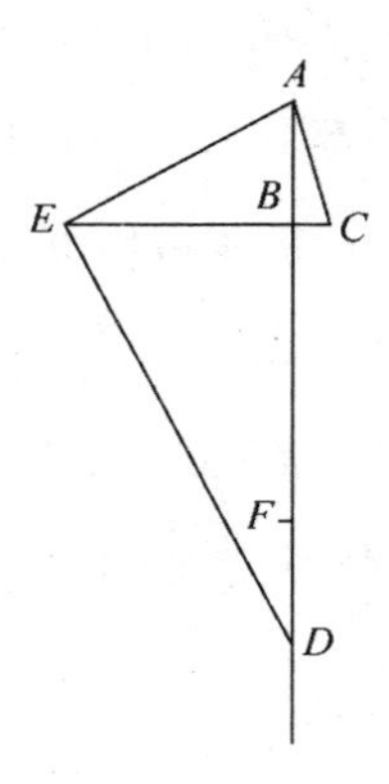

设从 A 开始画此竖直线 AB,使得物体在 A 处从静止开始在所给时段内下落至 B,且即用 AB 代表此时段,要求在上述竖直线上确定一距离等于 AB 而且将等于 BC 的时段内被通过,连接 A 和 C。

于是,既然 $BC < BA$,就有 $\angle BAC < \angle BCA$。作

$\angle CAE$ 等于 $\angle BCA$，设 E 为 AE 和水平线的交点，作 ED 垂直于 AE 而和竖直线交于 D，取 DF 等于 BA。

于是我说，FD 就是竖直线上的那样一段，即一个物体在 A 处从静止开始将在指定的时段 BC 内通过此距离。因为，如果在直角三角形 $\triangle AED$ 中从 E 处的直角画一直线垂直于 AD，则 AE 将是 DA 和 AB 之间的一个比例中项，而 BE 将是 BD 和 BA 之间的一个比例中项。或者说是 FA 和 AB 之间的一个比例中项(因为 FA 等于 DB)。

既然已经同意用距离 AB 代表通过 AB 的下落时间，那么 AE 或 EC 就将代表通过整个距离 AD 的下落时间，而 EB 就将代表通过 AF 的时间。由此可见，剩下的 BC 将代表通过剩余距离 FD 的下落时间。

证毕。

问题 6　命题 19

已知一物体从静止开始在一条竖直线上下落的距离,而且也已知其下落时间;试求该物体在以后将在同一直线的任一地方通过一段相等距离所需的时间。

在竖直线 AB 上取 AC 等于在 A 处从静止开始下落的距离,在同一直线上随意地取一相等的距离 DB。

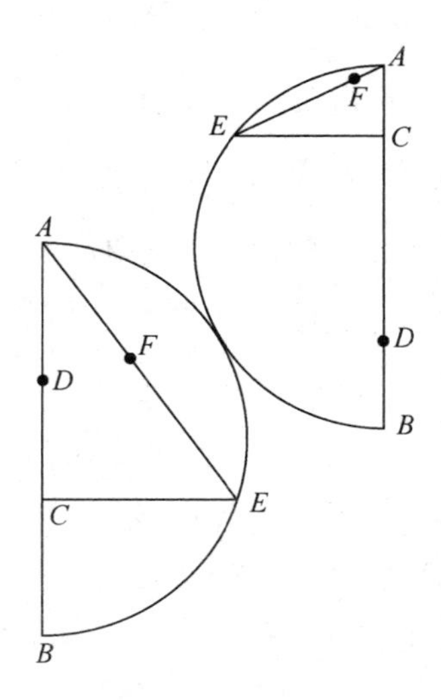

设通过 AC 所用的时间用长度 AC 来代表。要求得出在

A 处从静止开始下落而通过 DB 所需的时间：以整个长度 AB 为直径画半圆 AEB；从 C 开始作 CE 垂直于 AB；连接 A 点和 E 点；线段 AE 将比 EC 更长；取 EF 等于 EC。于是我说，差值 FA 将代表通过 DB 下落所需要的时间。

因为，既然 AE 是 BA 和 AC 之间的一个比例中项，而且 AC 代表通过 AC 的下落时间，那就得到，AE 将代表通过整个距离 AB 所需的时间。

既然 CE 是 DA 和 AC 之间的一个比例中项(因为 $DA=BC$)，那么就有 CE，也就是 FE，将代表通过 AD 的下落时间。由此可见，差值 AF 将代表通过差值 DB 的下落时间。

证毕。

推论　由此可以推断，如果从静止开始通过任一给定距离的下落时间用该距离本身来代表，则在该已给距离被增大了某一个量以后，下落时间将由已增距离和原有距离之间的比例中项比原有距离和所增距离之间的比例中项增多出的部分来代表。

例如,如果我们同意 AB 代表在 A 处从静止开始通过距离 AB 的下落时间,而且 AS 是距离的增量,则在通过 SA 下落以后,通过 AB 所需的时间就将由 SB 和 BA 之间的比例中项比 BA 和 AS 之间的比例中项多出的部分来代表。

问题 7　命题 20

已给一任意距离以及从运动开始处量起的该距离的一部分,试确定该距离另一端的一部分,使得它在和通过第一部分所需的相同时间内被通过。

设所给距离为 CB,并设 CD 是从运动开始处量起的该距离的一部分。要求在 B 端求出另一部分,使得通过该部分所需的时间和通过 CD 部分所需的时间相等。

设 BA 为 BC 和 CD 之间的一个比例中项,并设 CE 为 BC 和 CA 的一个第三比例项。于是我说,EB 就是那段距离,即物体在从 C 下落以后将在和通过 CD 所需的时间相同的时间内通过该距离。

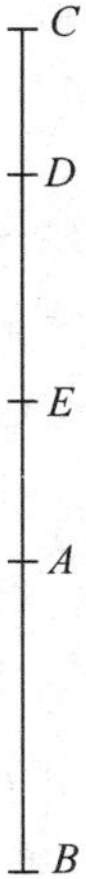

因为,如果我们同意 CB 将代表通过整个距离 CB 的时间,则 BA(它当然是 BC 和 CD 之间的一个比例中项)将代表沿 CD 的时间;而且既然 CA 是 BC 和 CE 之间的一个比例中项,于是

就可知，CA 将是通过 CE 的时间。

但整个长度 CB 代表的是通过整个距离 CB 的时间，因此差值 BA 将代表在从 C 落下以后沿距离之差落下所需的时间。但同一 BA 就是通过 CD 的下落时间。

由此可见，在 A 处从静止开始，物体将在相等的时间内通过 CD 和 EB。

证毕。

定理 14　命题 21

在一个从静止开始竖直下落的物体的路程上,如果取一个在任意时间内通过的一个部分,使其上端和运动开始之点重合。而且在这一段下落以后,运动就偏向而沿一个任意的斜面进行,那么,在和此前的竖直下落所需的时段相等的时段中,沿斜面而通过的距离将大于竖直下落距离的2倍而小于该距离的3倍。

设 AB 是从水平线 AE 向下画起的一条竖直线,并设它代表一个在 A 点从静止开始下落的物体的路程;在此路程上任取一段 AC。通过 C 画一个任意的斜面 CG;沿此斜面,运动通过 AC 的下落以后继续进行。

于是我说,在和通过 AC 的下落所需的时段相等的时段中,沿斜面 CG 前进的距离将大于同一距离 AC 的2倍而小于它的3倍。

让我们取 CF 等于 AC,并延长斜面 GC 直至与水平线交于 E;选定 G,使得 $CE : EF = EF : EG$。

如果现在我们假设沿 AC 的下落时间用长度 AC 来代表,则 CE 将代表沿 CE 的下降时间,而 CF,或者说 CA,则将代表沿 CG 的下降时间。

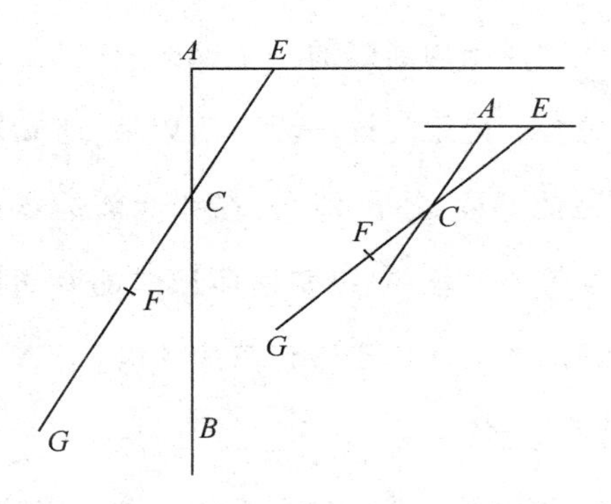

现在剩下来的工作就是证明距离 CG 大于距离 CA 本身的 2 倍而小于它的 3 倍。既然 $CE:EF=EF:EG$,于是就有 $CE:EF=CF:FG$;但是 $EC<EF$;因此 CF 将小于 FG,而 GC 将大于 FC 或 AC 的 2 倍。

再者,既然 $FE<2EC$(因为 EC 大于 CA 或 CF),我们就有 GF 小于 FC 的 2 倍,从而也有 GC 小于 CF 或 CA 的 3 倍。

证毕。

这一命题可以用一种更普遍的形式来叙述：既然针对一条竖直线和一个斜面的事例所证明的情况，对于沿任意倾角的斜面的运动继之以沿倾角较小的任意斜面的运动的事例也是同样正确的，正如由上页图可以看到的那样。证明的方法是相同的。

问题 8　命题 22

已知两个不相等的时段,并已知一物体从静止开始在其中较短的一个时段中竖直下落的距离,要求通过竖直线最高点作一斜面,使其倾角适当,以致沿该斜面的下降时间等于所给两时段中较长的一个时段。

设 A 代表两不等时段中较长的一个时段,而 B 代表其中较短的一个时段,并设 CD 代表从静止开始在时段 B 中竖直下落的距离。要求通过 C 点画一斜面,其斜率适当,足以使物体在时段 A 内沿斜面滑下。

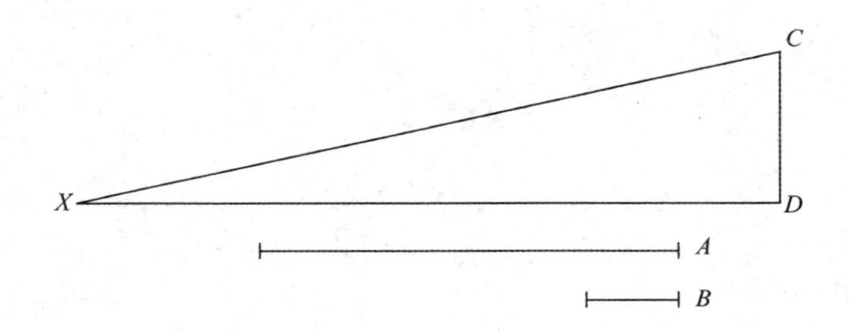

从 C 点向水平线画斜线 CX,使其长度满足 $B:A=CD:CX$。很显然,CX 就是物体将在所给的时间 A 内

沿它滑下的那个斜面。因为,已经证明,沿一斜面的下降时间和通过该斜面之竖直高度的下落时间之比,等于斜面的长度和它的竖直高度之比。

因此,沿 CX 的时间和沿 CD 的时间之比,等于长度 CX 和长度 CD 之比,也就是等于时段 A 和时段 B 之比;但 B 就是从静止开始通过竖直距离 CD 落下所需的时间,因此 A 就是沿斜面 CX 下降所需的时间。

问题 9　命题 23

已知一物体沿一竖直线下落一定距离所需的时间，试通过落程的末端作一斜面，使其倾角适当，可使物体在下落之后在和下落时间相等的时间内在斜面上下降一段指定的距离，假定所指定的距离大于下落距离的 2 倍而小于它的 3 倍的话。

设 AS 为一任意竖直线，并设 AC 既代表在 A 处从静止开始竖直下落的距离又代表这一下落所需的时间。设 IR 大于 AC 的 2 倍而小于 AC 的 3 倍。要求通过 C 点作一斜面，使其倾角适当，可使物体在通过 AC 下落

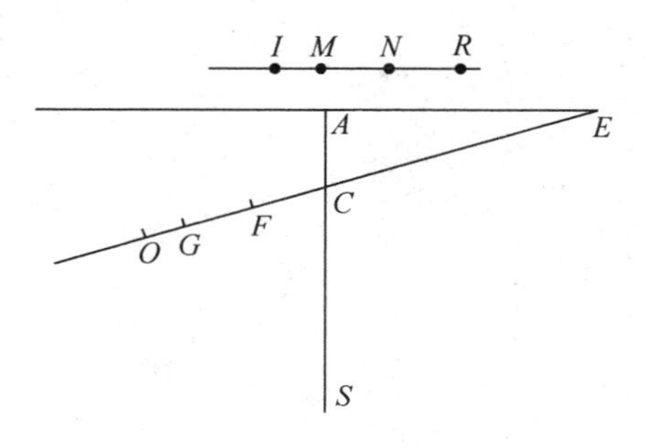

以后在时间 AC 内在斜面上前进一段等于 IR 的距离：取 RN 和 NM 各等于 AC，通过 C 点画斜线 CE 使之和水平线 AE 交于适当之点 E，满足 $IM:MN=AC:CE$；将斜面延长到 O，并取 CF、FG 和 GO 各自等于 RN、NM 和 MI。于是我说，在通过 AC 下落之后沿斜面通过 CO 所需的时间就等于在 A 处从静止开始通过 AC 下落的时间。因为，既然 $OG:GF=FC:CE$。

那么，按合比定理，就有 $OF:FG=OF:FC=FE:EC$；而既然前项和后项之比等于前项之和和后项之和之比，我们就有 $OE:EF=EF:EC$。于是 EF 是 OE 和 EC 之间的一个比例中项。

既已约定用长度 AC 来代表通过 AC 的下落时间，那么就有，EC 将代表沿 EC 下滑的时间，EF 代表沿整个 EO 下滑的时间，而距离 CF 则将代表沿差值 CO 下滑的时间。但是 $CF=CA$，因此问题已解。因为时间 AC 就是在 A 处从静止开始通过 AC 而落下的时间，而 CF（它等于 CA）就是在沿 EC 而下滑或沿 AC 而下落以后通过 CO 而下滑所需的时间。

证毕。

也必须指出,如果早先的运动不是沿竖直线而是沿斜面进行的,同样的解也成立。这一点可用下面的图来说明,图中早先运动是沿水平线 AE 下的斜面 AS 进行的。证法和以上完全相同。

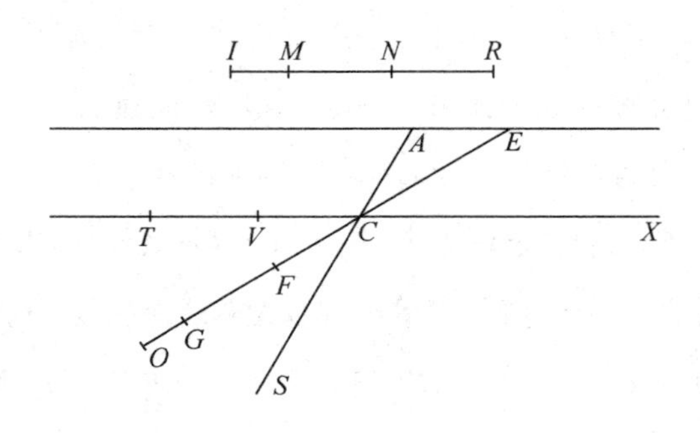

旁　注

经过仔细注意可以清楚地看出,所给的直线 IR 越接近于长度 AC 的 3 倍,第二段运动所沿的斜面 CO 就越接近于竖直线,而在时间 AC 内沿斜面下降的距离也越接近于 AC 的 3 倍。

因为,如果 IR 被取为接近于 AC 的 3 倍,则 IM 将几乎等于 MN,而既然按照作图有 $IM : MN = AC : CE$,那

么就有 CE 只比 CA 大一点点；从而点 E 将很靠近 A，而形成很尖锐之角的线段 CO 和 CS 则几乎重合。

另一方面，如果所给的线段 IR 只比 AC 的 2 倍稍大一点儿，则线段 IM 将很短；由此可见，和 CE 相比，AC 将是很小的，而 CE 现在则长得几乎和通过 C 而画出的水平线相重合。

由此我们可以推断，如果在沿附图中的斜面 AC 滑下以后，运动是沿着一条像 CT 那样的水平线继续进行的。则一个物体在和通过 AC 而下滑的时间相等的时间之内所经过的距离，将恰好等于距离 AC 的 2 倍。

此处所用的论证和以上的论证相同。因为，很显然，既然 $OE : EF = EF : EC$，那么 FC 就将量度沿 CO 的下降时间。

如果长度为 CA 之 2 倍的水平线 TC 在 V 处被分为两个相等的部分，那么这条线在和 AE 的延长线相交之前必须向 X 的方向延长到无限远；而由此可见，TX 的无限长度和 VX 的无限长度之比必将等于无限距离 VX 和无限距离 CX 之比。

同一结果可以用另一种处理方法求得，那就是回到命题1的证明所用的同一推理思路。

让我们考虑△ABC：通过画出的平行于它的底边的线，这个三角形可以替我们表示一个和时间成正比而递增的速度；如果这些平行线有无限多条，就像线段AC上的点有无限多个或任何时段中的时刻有无限多个那样，这些线就将形成三角形的面积。

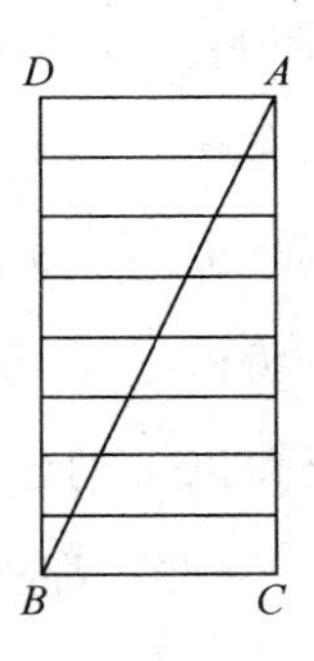

现在，让我们假设，用线段BC来代替的所达到的最大速度被保持了下来，在和第一个时段相等的另一个时段中不被加速而继续保持恒定的值。

按照同样的方式，由这些速度将形成一个四边形$ADBC$的面积，它等于△ABC面积的2倍；因此，以这些速度在任一给定的时段内通过的距离都将是用三角形来代表的那些速度在相等时段内通过的距离的2倍。

沿着一个水平面,运动是均匀的,因为它既受不到加速也受不到减速;因此我们就得到结论说:在一个等于 AC 的时段内通过的距离 CD 是距离 AC 的2倍;因为后者是由一种从静止开始而速率像三角形中各平行线那样递增的运动完成的,而前者则是由一种用长方形中各平行线来代表的运动完成的,这些为数也是很多的平行线给出一个2倍于三角形的面积。

更进一步,我们可以指出,任何一个速度,一旦赋予了一个运动物体,就会牢固地得到保持,只要加速或减速的外在原因是不存在的。这种条件只有在水平面上才能见到,因为在平面向下倾斜的事例中,将不断存在一种加速的原因;而在平面向上倾斜的事例中,则不断地存在一种减速的原因。

由此可见,沿平面的运动是永无休止的,如果速度是均匀的,它就不会减小或放松,更不会被消灭。

再者,虽然一个物体可能通过自然下落而已经得到的任一速度就其本性来说是永远被保存的,但是必须记得,如果物体在沿一个下倾斜面下滑了一段以后又转上了一个上倾的斜面,则在后一斜面上已经存在一种减速的原因了;因为在任何一个那样的斜面上,同一物体是受到一个向下的自然加速度的作用的。因此,我们在这儿遇到的就是两个不同状态的叠加,那就是,在以前的下落中获得的速度,如果只有它起作用,它就会把物体以均匀速率带向无限远处,以及由一切物体所普遍具有的那种向下的自然加速度。

因此,如果我们想要追究一个物体的未来历史,而那个物体曾经从某一下倾斜面下滑而又转上了某一上倾的斜面,看来完全合理的就是我们将假设,在下降中得到的最大速度在上升过程中将持续地得到保持。

然而,在上升中却加入了一种向下的自然倾向,也就是一种从静止开始而非自然变化率(向下)加速的运动。如果这种讨论或许有点儿含糊不清,下面的图将帮助我们把它弄明白。

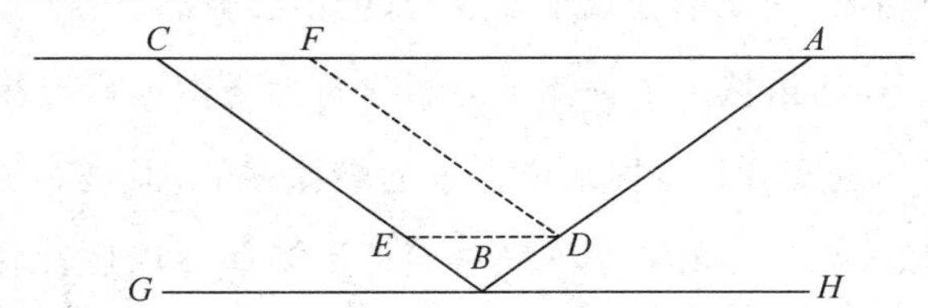

让我们假设,下降是沿着下倾的斜面 AB 进行的;从那个斜面上,物体被转到了上倾的斜面 BC 上继续运动。首先,设这两个斜面长度相等,而且摆得和水平线 GH 成相同的角。

现在,众所周知,一个在 A 处从静止开始沿 AB 而下降的物体,将获得和时间成正比的速率,而在 B 处达到最大,而且这个最大值将被物体所保持,只要它不受新的加速或减速的任何原因的影响。我在这儿所说到的加速,是指假若物体的运动沿斜面 AB 的延长部分继续进行时它所将得到的加速,而减速则是当它的运动转而沿上倾斜面 BC 进行时所将遇到的减速度。

在水平面 GH 上,物体将保持一个均匀的速度,等于它从 A 点滑下时在 B 点得到的那个速度,而且这个速度使得物体在等于从 AB 下滑时间的一段时间之内将通过一段等于 AB 的 2 倍的距离。

现在让我们设想同一物体以同一均匀速率沿着斜面 BC 而运动,而且在这儿,它也将在等于从 AB 滑下时间的一段时间内在 BC 延长面上通过一段等于 AB 的 2 倍的距离;但是,让我们假设,当它开始上升的那一时刻,由于它的本性,物体立即受到当它从 A 点沿 AB 下滑时包围了它的那种相同的影响。

就是说,当它从静止开始下降时所受到的那种在 AB 上起作用的加速度,从而它就在相等的时间内像在 AB 上那样在这个第二斜面上通过一段相同的距离。很显然,通过这样在物体上把一种均匀的上升运动和一种加速的下降运动叠加起来,物体就将沿斜面 BC 上升到 C 点,在那儿,这两个速度就变成相等的了。

如果现在我们假设任意两点 D 和 E 与顶角 B 的距离相等,我们就可以推断,沿 BD 的下降和沿 BE 的上升所用的时间相等。画 DF 平行于 BC;我们知道,在沿 AD 下降之后,物体将沿 DF 上升;或者,如果在到达 D 时物体沿水平线 DE 前进,它将带着离开 D 时的相同动量而到达 E,因此它将上升到 C 点,这就证明它在 E 点的速度和在 D 点的速度是相同的。

我们由此可以逻辑地推断,沿任何一个斜面下降并继续沿一个上倾的斜面运动的物体,由于所得到的动量,将上升到离水平面的相同高度;因此,如果物体是沿 AB 下降的,它就将被带着沿斜面 BC 上升到水平线

ACD;而且不论各斜面的倾角是否相等,这一点都是对的,就像在斜面 AB 和 BD 的事例中那样。

根据以前的一条假设,[①]通过沿高度相等的不同斜面滑下而得到的速率是相同的。因此,如果斜面 EB 和 BD 具有相同的斜度,沿 EB 的下降将能够把物体沿着 BD 一直推送到 D;而既然这种推动起源于物体达到 B 点时获得的速率,那么就可以推知,这个在 B 点时的速率,不论物体是沿 AB 还是沿 EB 下降都是相同的。那么就很显然,不论下降是沿 AB 还是沿 EB 进行的,物体都将被推上 BD。

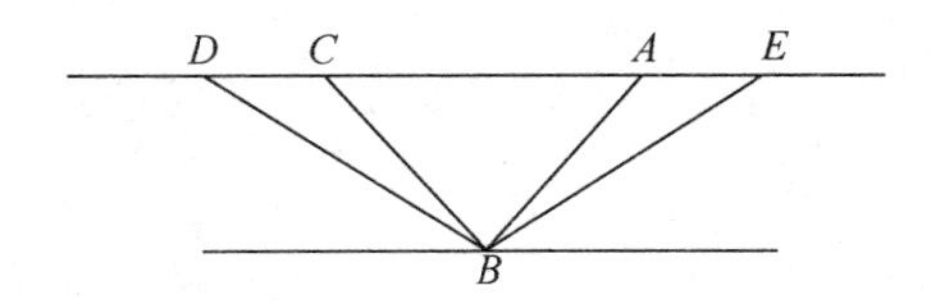

然而,沿 BD 的上升时间却大于沿 BC 的上升时间,正如沿 EB 的下降要比沿 AB 的下降占用更多的时间一样;另外也已经证明,这些时间之比和斜面的长度之比

① 指本书第 146 页假设。——编辑注

相同。其次我们必将发现,在相等的时间内沿不同斜度而相同高度的平面通过的长度之间有什么比率;也就是说,所沿的斜面介于相同的两条平行水平线之间。此事的做法如下文。①

① 指本书下页定理15命题24。——编辑注

定理 15　命题 24

已给两条平行水平线和它们之间的竖直连线。并给定通过此竖直线下端的一个斜面，那么，如果一个物体沿竖直线自由下落然后转而沿斜面运动，则它在和竖直下落时间相等的时间内沿斜面通过的距离将大于竖直线长度的 1 倍而小于它的 2 倍。

设 BC 和 HG 为两个水平面，由垂直线 AE 来连接；此外并设 EB 代表那个斜面，物体在沿 AE 下落并已从 E 转到 B 后就沿此斜面而运动。于是我说，在等于沿 AE 下降时间的一段时间内，物体将沿斜面通过一段大于 AE 但小于 2 倍 AE 的距离。

取 ED 等于 AE，并选 F 点使它满足 $EB : BD = BD : BF$。

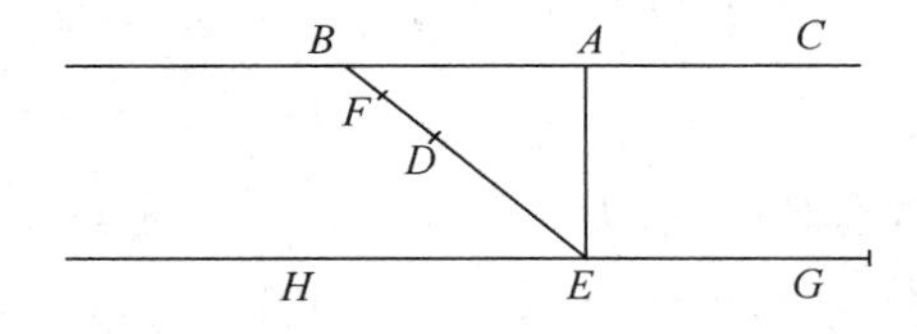

首先我们将证明,F 就是物体在从 E 转到 B 以后,将在等于沿 AE 的下落时间的一段时间内,被沿斜面带到的那一点;其次我们将证明,距离 EF 大于 EA 而小于 2 倍的 AE。

让我们约定用长度 AE 来代表沿 AE 的下落时间,于是,沿 BE 的下降时间,或者同样也可以说是沿 EB 的上升时间,就将用距离 EB 来代表。

现在,既然 DB 是 EB 和 BF 之间的一个比例中项,而且 BE 是沿整个 BE 的下降时间,那么就可以得到,BD 是沿 BF 的下降时间,而其余的一段 DE 就将是沿剩下来的 FE 的下降时间。

在 B 处从静止开始的下落时间和在从 E 以通过 AE 或 BE 的下降而得来的速率反射后从 E 升到 F 的时间相同。

因此 DE 就代表物体在从 A 下落到 E 并被反射到 EB 方向上以后从 E 运动到 F 所用的时间。但是,由作图可见,ED 等于 AE。这就结束了我们的证明的第一部分。

现在,既然整个 EB 和整个 BD 之比等于 DB 部分和 BF 部分之比,我们就有,整个 EB 和整个 BD 之比等于余

部 ED 和余部 DF 之比。但是 $EB>BD$，从而 $ED>DF$，从而 EF 小于 2 倍的 DE 或 AE。

证毕。

当起初的运动不是沿竖直线进行而是在一个斜面上进行时，如果上倾的斜面比下倾的斜面倾斜度较小，即长度较大的话，上述的结论仍然成立，证明也相同。

定理 16　命题 25

如果沿任一斜面的下降是继之以沿水平面的运动，则沿斜面的下降时间和通过水平面上任一指定长度所用的时间之比，等于斜面长度的 2 倍和所给水平长度之比。

设 CB 为任一水平线而 AB 为一斜面，设在沿 AB 下降以后运动继续通过了指定的水平距离 BD。于是我说，沿 AB 的下降时间和通过 BD 所需的时间之比等于双倍 AB 和 BD 之比。

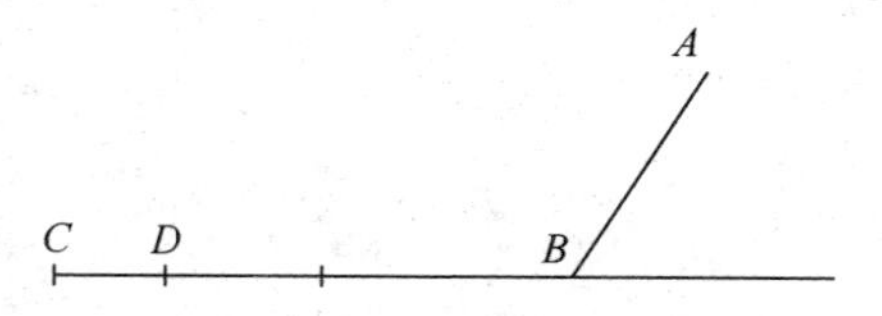

因为，取 BC 等于 2 倍的 AB，于是由前面的一条命题即得，沿 AB 的下降时间等于通过 BC 所需的时间；但是，沿 BC 的时间和沿 DB 的时间之比等于长度 CB 和长度 BD 之比。

因此，沿 AB 的下降时间和沿 BD 的时间之比，等于距离 AB 的 2 倍和距离 BD 之比。

证毕。

问题 10 命题 26

已给一竖直高度连接着两条水平的平行线,并已给定一个距离大于这一竖直高度而小于它的 2 倍。要求通过垂线的垂足作一斜面,使得一个物体在通过竖直高度下落之后其运动将转向斜面方向并在等于竖直下落时间的一段时间内通过指定的距离。

设 AB 是两条平行水平线 AO 和 BC 之间的竖直距离,并设 FE 大于 BA 而小于 BA 的 2 倍。

问题是要通过 B 而向上面的水平线画一斜面,使得一个物体在从 A 落到 B 以后如果运动被转向斜面就将在和沿 AB 下落的时间相等的时间内通过一段等于 EF 的距离。

取 ED 等于 AB,于是剩下来的 DF 就将小于 AB,因为整个长度 EF 小于 2 倍的 AB。

另外取 DI 等于 DF,并选择点 X,使得 $EI:ID=DF:FX$,从 B 画斜面 BO 使其长度等于 EX。

于是我说，BO 就是那样一个斜面，即一个物体在通过 AB 下落以后将在等于通过 AB 的下落时间的一段时间内在斜面上通过指定的距离。

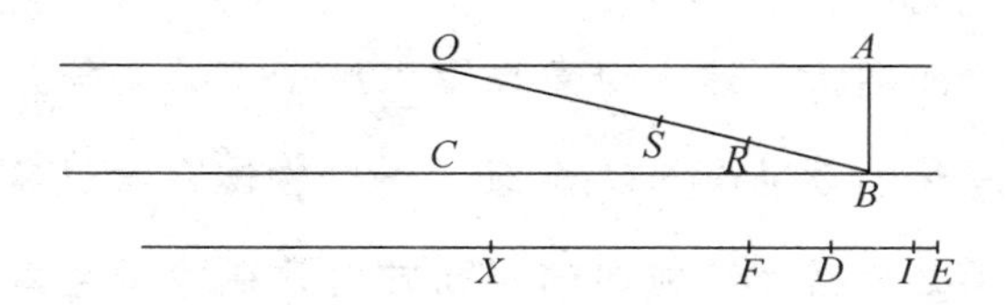

取 BR 和 RS 分别等于 ED 和 DF；于是，既然 $EI:ID=DF:FX$，我们就有，按合比定理，$ED:DI=DX:XF=ED:DF=EX:XD=BO:OR=RO:OS$。

如果我们用长度 AB 来代表沿 AB 的下落时间，则 OB 将代表沿 OB 的下降时间，RO 将代表沿 OS 的时间，而余量 BR 则将代表一个物体在 O 处从静止开始通过剩余距离 SB 所需要的时间。

但是在 O 处从静止开始沿 SB 下降的时间等于通过 AB 下落以后从 B 上升到 S 的时间。

因此 BO 就是那个斜面，即通过 B，而一个物体在沿 AB 下落以后将在时段 BR 或 BA 内通过该斜面上等于指定距离的 BS。

证毕。

定理 17 命题 27

如果一个物体从长度不同而高度相同的两个斜面上滑下,则在等于它在较短斜面全程下降时间的一个时段中,它在较长斜面下部所通过的距离将等于较短斜面的长度加该长度的一个部分。而且较短斜面的长度和这一部分之比将等于较长斜面和两斜面长度差之比。

设 AC 为较长斜面而 AB 为较短斜面,而且 AD 是它们的公共高度;在 AC 的下部取 CE 等于 AB。选点 F 使得 $CA:AE=CA:(CA-AB)=CE:EF$。

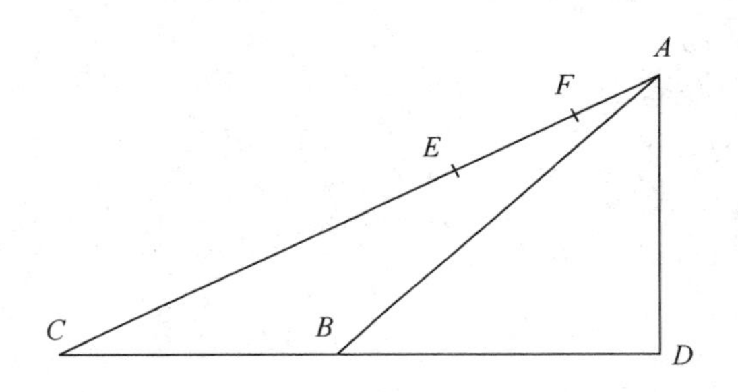

于是我说,FC 就是那样一个距离,即物体将在从 A

下滑以后,在等于沿 AB 的下降时间的一个时段内通过它。因为,既然 $CA:AE=CE:EF$,那么就有 EA 之余量 : AF 之余量 $=CA:AE$。因此 AE 就是 AC 和 AF 之间的一个比例中项。

由此可见,如果用长度 AB 来量度沿 AB 的下降时间,则距离 AC 将量度沿 AC 的下降时间;但是通过 AF 的下降时间是用长度 AE 来量度的,而通过 FC 的下降时间则是用 EC 来量度的。现在 $EC=AB$,由此即得命题。

问题 11 命题 28

设 AG 是任一条和一个圆相切的直线；设 AB 是过切点的直径；并设 AE 和 EB 代表两根任意的弦。问题是要确定通过 AB 的下落时间和通过 AE 及 EB 的下降时间之比。延长 EB 使它与切线交于 G，并画 AF 以平分 $\angle BAE$。于是我说，通过 AB 的时间和沿 AE 及 EB 的下降时间之比等于长度 AE 和长度 AE 及 EF 之和的比。

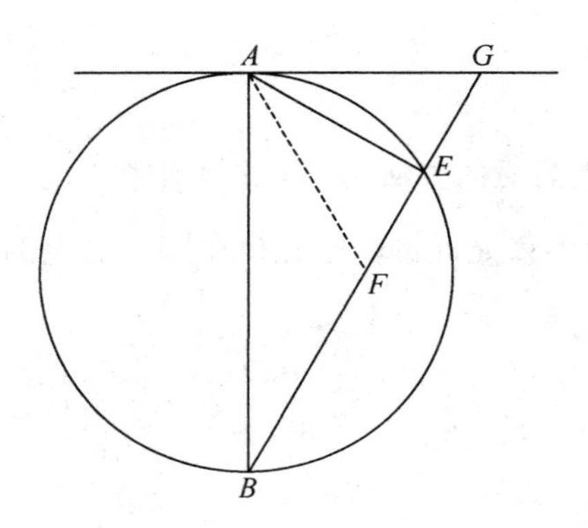

因为，既然$\angle FAB$ 等于$\angle FAE$，而$\angle EAG$ 等于$\angle ABF$，那么就有，整个的$\angle GAF$ 等于$\angle FAB$ 和$\angle ABF$ 之和。

但是$\angle GFA$也等于这两个角之和。因此长度GF等于长度GA;而且,既然长方形$BG \cdot GE$等于GA的平方,它也将等于GF的平方,或者说$BG:GF=GF:GE$。

如果现在我们同意用长度AE来代表沿AE的下降时间,则长度GE将代表沿GE的下降时间,而GF则代表通过整个直径的下落时间,而EF也将代表在从G下落或从A沿AE下落以后通过EB的时间。

由此可见,沿AE或AB的时间和沿AE及EB的时间之比,等于长度AE和$(AE+EF)$之比。

证毕。

一种更简短的方法是取GF等于GA,于是就使GF成为BG和GE之间的一个比例中项。其余的证明和上述证明相同。

定理 18 命题 29

已给一有限的水平直线，其一端有一竖直线，长度为所给水平线长度之半；于是，一物体从这一高度落下并将自己的运动转向水平方向而通过所给的水平距离，所用的时间将比这一高度有任意其他值时所用的时间为短。

设 BC 为水平面上给定的距离：在其 B 端画一竖直线，并在上面取 BA 等于 BC 的二分之一。于是我说，一个物体在 A 处从静止开始而通过二距离 AB 和 BC 所用的时间，将比通过同一距离 BC 和竖直线上大于或小于 AB 的部分所用的时间为短。

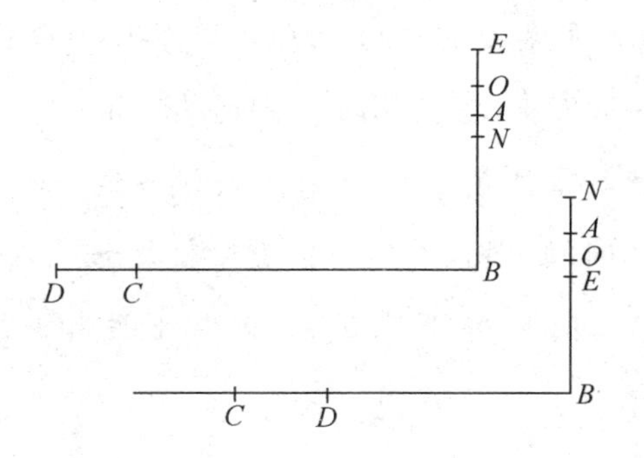

取 EB 大于 AB,如上页上图所示,或小于 AB,如上页图(下)所示。必须证明,通过距离 EB 加 BC 所需的时间,大于通过距离 AB 加 BC 所需要的时间。

让我们约定,长度 AB 将代表沿 AB 的下落时间,于是通过水平部分 BC 所用的时间也将是 AB,因为 $BC=2AB$;由此可见,BC 和 AB 所需要的时间将是 AB 的 2 倍。

选择点 O,使得 $EB:BO=BO:BA$,于是 BO 就将代表通过 EB 的下落时间。

此外,取水平距离 BD 等于 BE 的 2 倍,于是就可看出,BO 代表在通过 EB 下落后沿 BD 的前进时间。

选一点 N,使得 $DB:BC=EB:BA=OB:BN$。现在,既然水平运动是均匀的,而 OB 是在从 E 落下以后通过 BD 所需要的时间,那就可以看出,NB 将是在通过了同一高度 EB 此后沿 BC 的运动时间。

因此就很清楚,OB 加 BN 就代表通过 EB 加 BC 所需要的时间,而且既然 2 倍 BA 就是通过 AB 加 BC 所需要的时间,剩下来的就是要证明 $OB+BN>2BA$ 了。

但是,既然 $EB:BO=BO:BA$,于是就可以推得 $EB:BA=OB^2:BA^2$。此外,既然 $EB:BA=OB:BN$,那就可得,$OB:BN=OB^2:BA^2$。但是 $OB:BN=(OB:BA)(BA:BN)$,因此就有 $AB:BN=OB:BA$;这就是说,BA 是 BO 和 BN 之间的一个比例中项。由此即得 $OB+BN>2BA$。

证毕。

定理 19　命题 30

从一条水平直线的任一点上向下作一垂线；要求通过同一水平线上的另一任意点作一斜面使它与垂线相交，而且一个物体将在尽可能短的时间内沿斜面滑到垂线。这样一个斜面将在垂线上切下一段，等于从水平面上所取之点到垂线上端的距离。

设 AC 为一任意水平线，而 B 是线上的一个任意点；从该点向下作一竖直线 BD。在水平线上另选一任意点 C，并在竖直线上取距离 BE 等于 BC，连接 C 和 E。

于是我说，在可以通过 C 点画出的并和垂线相交的一切斜面中，CE 就是那样一个斜面，即沿此斜面下降到垂线上所需的时间最短。

因为，画斜面 CF 和竖直线交于 E 点以上的一点 F，并画斜面 CG 和竖直线交于 E 点以下的一点 G，再画一直线 IK 平行于竖直线并和一个以 BC 为半径的圆相切于 C 点。画 EK 平行于 CF 并延长之，使它在 L 点和圆相交以后和切线相交。

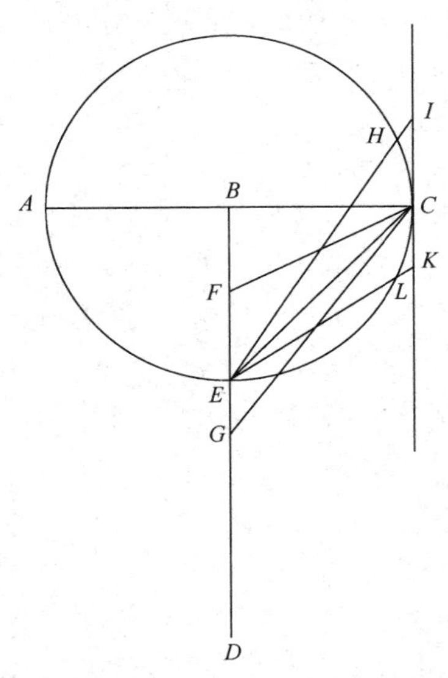

现在显而易见,沿 LE 的下降时间等于沿 CE 的下降时间;但是沿 KE 的时间却大于沿 LE 的时间,因此沿 KE 的时间大于沿 CE 的时间。

但是沿 KE 的时间等于沿 CF 的时间,因为它们具有相同的长度和相同的斜度。

同理,也可以得到,斜面 CG 和 IE 既然具有相同的长度和相同的斜度,也将在相等的时间内被通过。

既然 $HE<IE$,沿 HE 的时间将小于沿 IE 的时间。因此也有沿 CE 的时间(等于沿 HE 的时间)将短于沿 IE 的时间。

证毕。

定理 20　命题 31

如果一条直线和水平线成任一倾角。而且,如果要从水平线上的任一指定点向倾斜线画一个最速下降斜面,则那将是一个平分从所给的点画起的两条线之间的夹角的面。其中一条垂直于水平线,而另一条垂直于倾斜线。

设 CD 是一条和水平线 AB 成任意倾角的直线,并从水平线上任一指定点 A 画 AC 垂直于 AB,并画 AE

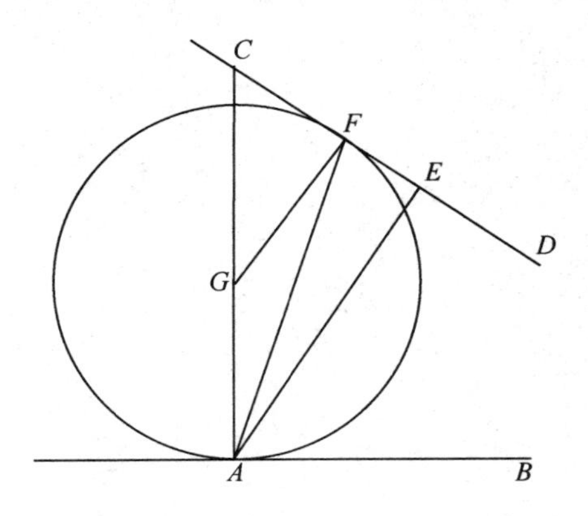

垂直于 CD,画 $\angle CAE$ 的分角线 FA。于是我说,在可以

通过点 A 画出的和直线 CD 相交于任何角度的一切斜面中,AF 就是最速下降面。画 FG 平行于 AE;内错角 $\angle GFA$ 和 $\angle FAE$ 将相等;并有 $\angle EAF$ 等于 $\angle FAG$。因此 $\triangle FGA$ 的两条边 GF 和 GA 相等。

由此可见,如果我们以 G 为圆心、GA 为半径画一个圆,这个圆将通过点 F 并在 A 点和水平线相切且在 F 点和斜线相切,因为既然 GF 和 AE 是平行的,$\angle GFC$ 就是一个直角。因此就很显然,在从 A 向斜线画出的一切直线中,除 FA 外,全都超出于这个圆的周界以外,从而就比 FA 需要更多的时间来通过它们中的任一斜面。

证毕。

引　理

设内、外二圆相切于一点，另外作内圆的一条切线和外圆交于二点；若从二圆的公切点向内圆的切线画三条直线通到其切点及其和外圆的二交点上，并延长到外圆以外，则此三线在公切点处所夹的二角相等。

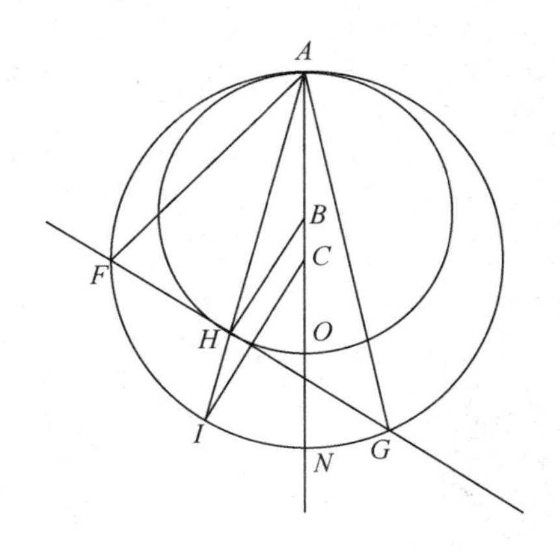

设二圆切于一点 A，内圆之心为 B，外圆之心为 C。画直线 FG 和内圆相切于 H 而和外圆相交于点 F 和 G，另画三直线 AF、AH 和 AG。于是我说，这些线所夹之角$\angle FAH$ 和$\angle GAH$ 相等。延长 AH 和外圆交于 I;从二圆心作直线 BH 和 CI;连接二圆心 B 和 C 并延长此线直到公切点 A 并和二圆相交于点 O 和 N。但是现在 BH 和 CI 是平行的,因为$\angle ICN$ 和$\angle HBO$ 各自等于$\angle IAN$ 的 2 倍,从而二者相等。而且,既然从圆心画到切点的 BH 垂直于 FG 而 $\overset{\frown}{FI}$ 等于 $\overset{\frown}{IG}$,因此$\angle FAI$ 等于$\angle IAG$。

证毕。

定理 21　命题 32

设在一水平直线上任取两个点,并在其中一点上画一直线倾向于另一点,在此另一点上向斜线画一直线,其角度适当,使它在斜线上截出的一段等于水平线上两点间的距离,于是,沿所画直线的下降时间小于沿从同一点画到同一斜线上的任何其他直线的下降时间。在其他那些在此线的对面成相等角度的线中,下降时间是相同的。

设 A 和 B 为一条水平线上的两个点;通过 B 画一条斜线 BC,并从 B 开始取一距离 BD 等于 AB,连接点 A 和点 D。于是我说,沿 AD 的下降时间小于沿从 A 画到斜线 BC 的任何其他直线的下降时间。

从点 A 画 AE 垂直于 BA;并从点 D 画 DE 垂直于 BD 而和 AE 交于 E。既然在等腰三角形 $\triangle ABD$ 中我们有 $\angle BAD$ 等于 $\angle BDA$,则它们的余角 $\angle DAE$ 和 $\angle EDA$ 也相等。因此,如果我们以 E 为心、以 EA 为半

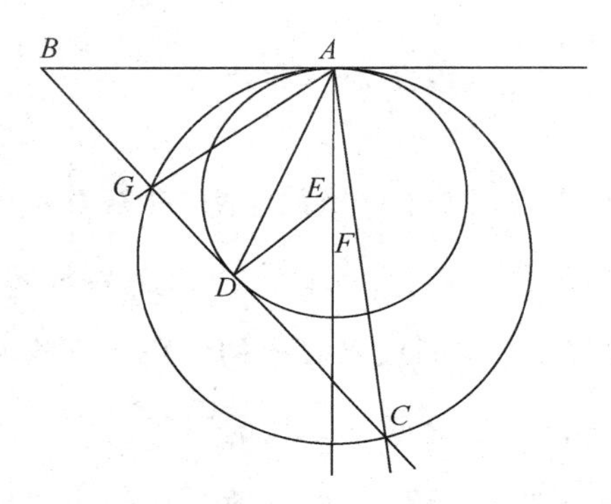

径画一个圆,它就将通过 D 并在点 A 及 D 和 BA 及 BD 相切。

现在,既然 A 是竖直线 AE 的端点,沿 AD 的下降时间就将小于沿从端点 A 画到直线 BC 及其圆外延长线上的任何直线的下降时间。这就证明了命题的第一部分。

然而,如果我们把垂线 AE 延长,并在它上面取一任意点 F,就可以以 F 为圆心、以 FA 为半径作一圆,此圆 AGC 将和切线相交于点 G 及点 C,画出直线 AG 和 AC。按照以上的引理,这两条直线将从中线 AD 偏开相等的角。沿此二直线的下降时间是相同的,因为它们从最高点 A 开始而终止在圆 AGC 的圆周上。

问题 12 命题 33

给定一有限的竖直线和一个等高的斜面。二者的顶点相同。要求在竖直线的上方延长线上找出一点，使一物体在该点上从静止开始而竖直落下，并当运动转上斜面时在和下落时间相等的时段内通过该斜面。

设 AB 为所给的有限竖直线而 AC 是具有相同高度的斜面。要求在竖直线 BA 向上的延长线上找出一点。从该点开始，一个下落的物体将在和该物体在 A 处从静止开始通过所给的竖直距离 AB 而下落所需要的时间

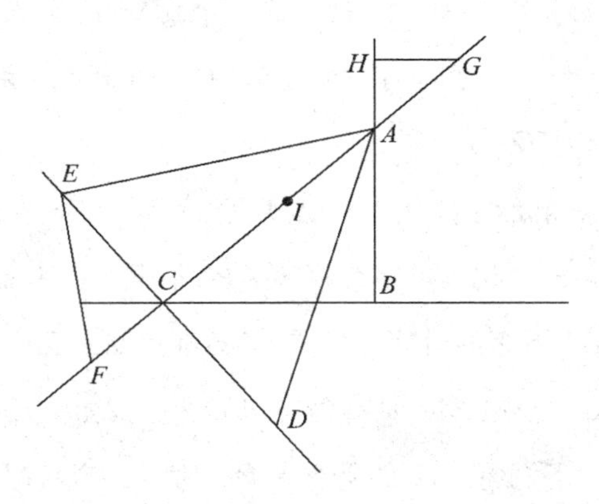

相等的时间内通过斜面AC。

画直线DCE垂直于AC,并取CD等于AB,连接点A和点D。于是,$\angle ADC$将大于$\angle CAD$,因为边CA大于AB或CD。取$\angle DAE$等于$\angle ADE$,并作EF垂直于AE;于是EF将和向两方延长了的斜面相交于F。取AI和AG各等于CF;通过G,画水平线GH。于是我说,H就是所求的点。

因为,如果我们同意用长度AB来代表沿竖直线AB的下落时间,则AC将同样代表在A处从静止开始沿AC的下降时间;而且,既然直角三角形$\triangle AEF$中的直线EC是从E处的直角而垂直画到底边AF,那么就有,AE将是FA和AC之间的一个比例中项,而CE则将是AC和CF之间的一个比例中项,亦即CA和AI之间的比例中项。

现在,既然AC代表从A开始沿AC的下落时间,那么就有,AE将代表沿整个距离AF的下降时间,而EC将代表沿AI下落的时间。但是,既然在等腰三角形$\triangle AED$中边EA等于边ED,那么就有,ED将代表沿AF的下落时间,而EC为沿AI的下落时间。因此,CD,即AB,将

代表在 A 处从静止开始沿 IF 的下落时间，这也就等于说 AB 是从 G 或从 H 开始沿 AC 的下落时间。

证毕。

问题 13　命题 34

已给一有限斜面和一条竖直线，二者的最高点相同，要求在竖直线的延线上求出一点，使得一个物体将从该点落下然后通过斜面，所用的时间和物体从斜面顶上开始而仅仅通过斜面时所用的时间相同。

设 AB 和 AC 分别是一个斜面和一条竖直线，二者具有相同的最高点 A。要求在竖直线的 A 点以上找出一点，使得一个从该点落下然后把它的运动转向 AB 的物体将既通过指定的那段竖直线又通过斜面 AB，所用的时间和在 A 处从静止开始只通过斜面 AB 所用的时间相同。

画水平线 BC，并取 AN 等于 AC；选一点 L，使得 $AB:BN=AL:LC$，并取 AI 等于 AL；选一点 E，使

得在竖直线 AC 延线上取的 CE 将是 AC 和 BI 的一个第三比例项。于是我说,CE 就是所求的距离。

这样,如果把竖直线延长到 A 点上方,并取 AX 等于 CE,则从 X 点落下的一个物体将通过两段距离 XA 和 AB,所用的时间和从 A 开始而只通过 AB 所需要的时间相同。

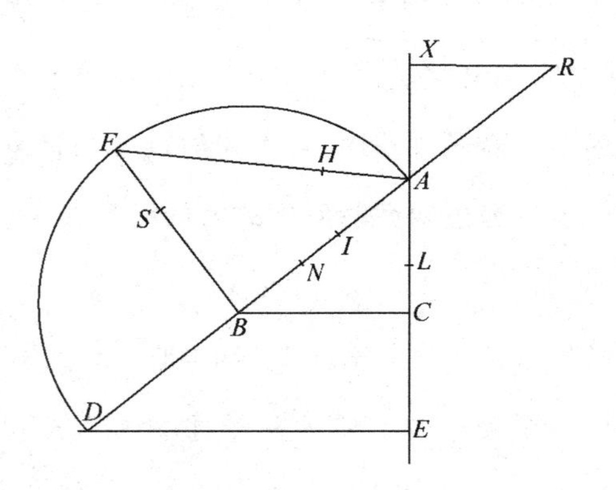

画 XR 平行于 BC 并和 BA 的延长线交于 R;其次画 ED 平行于 BC 并和 BA 的延长线交于 D;以 AD 为直径作半圆,从 B 开始画 BF 垂直于 AD 并延长之直至和圆周相交于 F。

很显然,FB 是 AB 和 BD 之间的一个比例中项,而

FA 是 DA 和 AB 之间的一个比例中项。

取 BS 等于 BI、FH 等于 FB。现在,既然 $AB:BD=AC:CE$,BF 是 AB 和 BD 之间的一个比例中项,而 BI 是 AC 和 CE 之间的一个比例中项,那么就有 $BA:AC=FB:BS$。

既然 $BA:AC=BA:BN=FB:BS$,那么,根据比例转换,我们就有 $BF:FS=AB:BN=AL:LC$。

由此可见,由 FB 和 CL 构成的长方形等于以 AL 和 SF 为边的长方形;而且,这个长方形 $AL\cdot SF$ 就是长方形 $AL\cdot FB$ 或 $AL\cdot BF$ 比长方形 $AL\cdot BS$ 或 $AI\cdot IB$ 多出的部分。

不仅如此,长方形 $AC\cdot BF$ 还等于长方形 $AB\cdot BI$,因为 $BA:AC=FB:BI$,因此,长方形 $AB\cdot BI$ 比长方形 $AI\cdot BF$ 或 $AI\cdot FH$ 多出的部分就等于长方形 $AI\cdot FH$ 比长方形 $AI\cdot IB$ 多出的部分。

因此,长方形 $AI\cdot FH$ 的两倍就等于长方形 $AB\cdot BI$ 和 $AI\cdot IB$ 之和,或者说,$2AI\cdot FH=2AI\cdot IB+BI^2$。

两端加 AI^2,就有 $2AI\cdot IB+BI^2+AI^2=AB^2=$

$2AI \cdot FH + AI^2$。

两端再加 BF^2,就有 $AB^2 + BF^2 = AF^2 = 2AI \cdot FH + AI^2 + BF^2 = 2AI \cdot FH + AI^2 + FH^2$。

但是 $AF^2 = 2AH \cdot HF + AH^2 + HF^2$;于是就有 $2AI \cdot FH + AI^2 + FH^2 = 2AH \cdot HF + AH^2 + HF^2$。在两端将 HF^2 消去,我们就有 $2AI \cdot FH + AI^2 = 2AH \cdot HF + AH^2$。

既然现在 FH 是两个长方形中的公因子,就得到 AH 等于 AI;因为假如 AH 大于或小于 AI,则两个长方形 $AH \cdot HF$ 加 HA 的平方将大于或小于两个长方形 $AI \cdot FH$ 加上 IA 的平方,这是和我们刚刚证明了的结果相反的。

现在如果我们同意用长度 AB 来代表沿 AB 的下降时间,则通过 AC 的时间将同样地用 AC 来代表,而作为 AC 和 CE 之间的一个比例中项的 IB 将代表在 X 处从静止开始而通过 CE 或 XA 的时间。

现在,既然 AF 是 DA 和 AB 之间,或者说 RB 和 AB 之间的一个比例中项,而且等于 FH 的 BF 是 AB 和 BD 亦即 AB 和 AR 之间的一个比例中项,那么,由前面的一条命题(和命题19的推论),就得到,差值 AH 将代表在 R 处从静止开始或是从 X 下落以后沿 AB 的下降时间,而在 A 处从静止开始沿 AB 的下降时间则由长度 AB 来量度。但是刚才已经证明,通过 XA 的下落时间由 IB 来量度,而通过 RA 或 XA 下落以后沿 AB 的下降时间则是 IA。

因此,通过 XA 加 AB 的下降时间是用 AB 来量度的,而 AB 当然也量度着在 A 处从静止开始仅仅沿 AB 下降的时间。

证毕。

问题 14　命题 35

已给一斜面和一条有限的竖直线,要求在斜面上找出一个距离,使得一个从静止开始的物体将通过这一距离,所用的时间和它既通过竖直线又通过斜面所需要的时间相等。

设 AB 为竖直线而 BC 为斜面。要求在 BC 上取一距离,使一个从静止开始的物体将通过该距离所用的时间,和它通过竖直线 AB 落下并通过斜面滑下所需的时间相等。

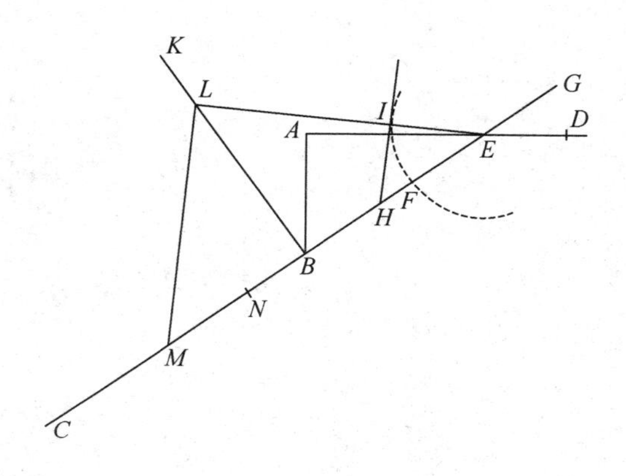

画水平线 AD 和斜面 CB 的延长部分相交于 E；取 BF 等于 BA，并以 E 为心、EF 为半径作圆 FIG。延长 EF 使它和圆周交于 G，选一点 H，使得 $GB:BF=BH:HF$；画直线 HI 和圆切于 I，在 B 处画直线 BK 垂直于 FC 而和直线 EIL 相交于 L；另外，画 LM 垂直于 EL 并和 BC 相交于 M。

于是我说，BM 就是那个距离，即一个物体在 B 处从静止开始将通过该距离，所用的时间和在 A 处从静止开始通过两个距离 AB 和 BM 所需的时间相同。

取 EN 等于 EL，于是，既然 $GB:BF=BH:HF$，我们就将有，交换次序后，$GB:BH=BF:HF$，而由分比定理，就有 $GH:BH=BH:HF$。

由此可见，长方形 $GH \cdot HF$ 等于以 BH 为边的正方形。但是这同一个长方形也等于以 HI 为边的正方形，因此 BH 等于 HI。

在四边形 $ILBH$ 中 HB 和 HI 二边相等，而既然 B 处和 I 处的角是直角，那就得到，边 BL 和边 LI 也相等；但是 $EI=EF$，因此整个长度 LE 或 NE 就等于 LB 和 EF 之和。

如果我们消去公共项 FE,剩下来的 FN 就将等于 LB。由作图可见,$FB=BA$,从而 $LB=AB+BN$。

如果我们再同意用长度 AB 代表通过 AB 的下落时间,则沿 EB 的下降时间将用 EB 来量度。

再者,既然 EN 是 ME 和 EB 之间的一个比例中项,它就将代表沿整个距离 EM 的下降时间。

因此,这些距离之差 BM 就将被物体在从 EB 或 AB 落下以后在一段由 BN 来代表的时间内所通过。

但是,既已假设距离 AB 是通过 AB 的下落时间的量度,沿 AB 和 BM 的下降时间就要由 $AB+BN$ 来量度。

既然 EB 量度在 E 处从静止开始沿 EB 的下落时间,在 B 处从静止开始沿 BM 的时间就将是 BE 和 BM(即 BL)之间的比例中项,因此,在 A 处从静止开始沿 $AB+BM$ 的时间就是 $AB+BN$。但是,在 B 处从静止开始只沿 BM 的时间是 BL;而且既然已经证明 $BL=AB+BN$,那么就得到命题。

另一种较短的证明如下:设 BC 为斜面而 BA 为竖直线,在 B 点画 EC 的垂直线并向两方延长之。

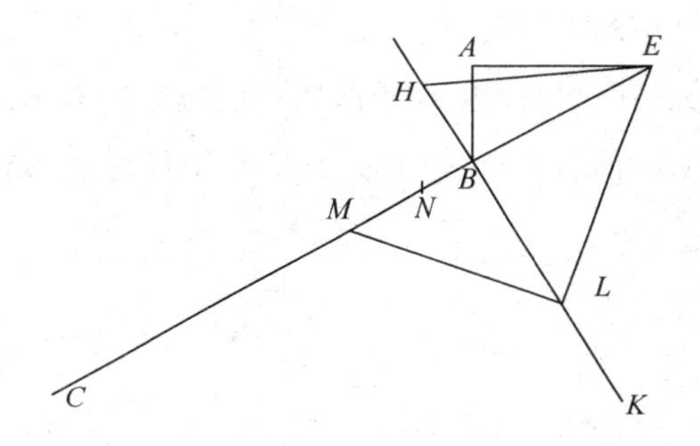

取 BH 等于 BE 比 BA 多出的量,使 $\angle HEL$ 等于 $\angle BHE$;延长 EL 至与 BK 交于 L;在 L 画 LM 垂直于 EL,并延长至与 BC 交于 M;于是我说,BM 就是所求的 BC 上的那一部分。

因为,既然 $\angle MLE$ 是一个直角,BL 就将是 MB 和 BE 之间的一个比例中项,而 LE 则是 ME 和 BE 之间的一个比例中项;取 EN 等于 LE;于是就有 $NE=EL=LH$,以及 $HB=NE-BL$。

但是也有 $HB=ME-(NB+BA)$;因此 $NB+BA=BL$。如果现在我们假设长度 EB 是沿 EB 的下降时间的量度,则在 B 从静止开始沿 BM 的下降时间将由 BL 来代表;但是,如果沿 BM 的下降是在 E 或 A 从静止开始的,则其下降时间将由 BN 来量度;而且 AB 将

量度沿 AB 的下降时间。

因此,通过 AB 和 BM 即通过距离 AB 和 BN 之和所需要的时间就等于在 B 从静止开始仅通过 BM 的下降时间。

证毕。

引　　理

设 DC 垂直于直径 BA;从端点 B 任意画直线 BED;画直线 FB。于是我说,FB 是 DB 和 BE 之间的一个比例中项。连接点 E 和点 F。通过 B 作切线 BG,[①]它将平

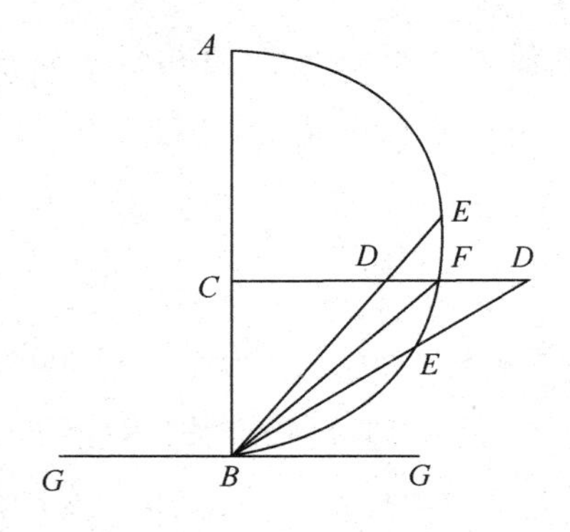

① 本页图上分别有两个点 D 和 E,在此命题下,两种情形都成立。——编辑注

行于 CD。现在,既然$\angle DBG$ 等于$\angle EFB$(处于 E 处于 CD 上边的情形,应是$\angle FEB$),而且$\angle GBD$ 的错角等于$\angle EFB$,那么就得到,$\triangle FDB$ 和$\triangle FEB$ 是相似的,从而 $BD : BF = FB : BE$。

引　理

设 AC 为一比 DF 长的直线,并设 AB 和 BC 之比大于 DE 和 EF 之比,于是我说,AB 大于 DE。因为,如果 AB 比 BC 大于 DE 比 EF,则 DE 和某一小于 EF 的长度之比将等于 AB 和 BC 之比。设此长度为 EG,于是,既然 $AB : BC = DE : EG$,那么,由合比定理和比例互置,可得 $CA : AB = GD : DE$。但是,既然 CA 大于 GD,由此即得 BA 大于 DE。

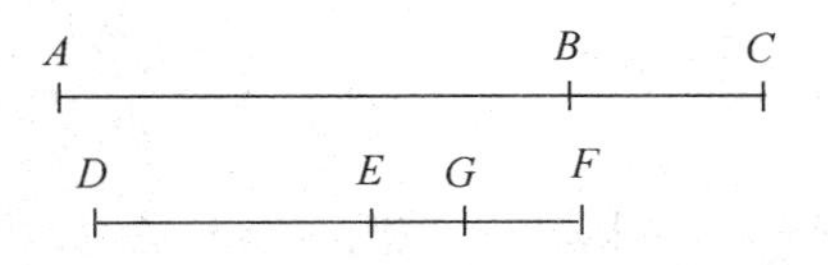

引　　理

设 $ACIB$ 是一个圆的四分之一;由 B 画 BE 平行于 AC;以 BE 上的一个任意点为圆心画一个圆 $BOES$ 和 AB 相切于 B 并和四分之一圆相交于 I。连接点 C 和点 B,画直线 CI 并延长至 S。于是我说,此线段(CI)永远小于 CO。

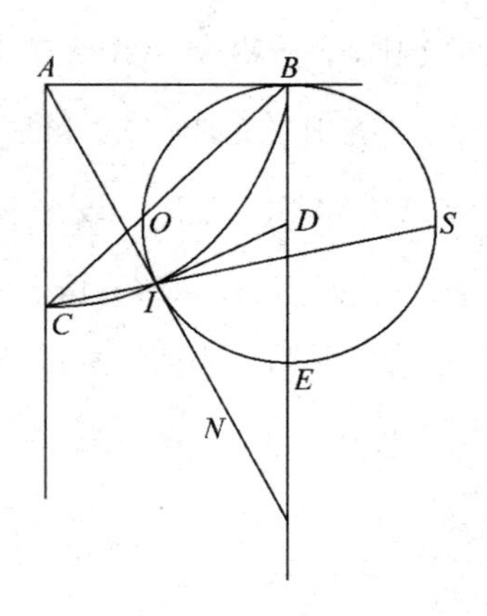

画直线 AI 和圆 BOE 相切。于是,如果画出直线 DI,则它将等于 DB。

但是既然 DB 和四分之一圆相切,DI 就也将和它相切并将和AI成直角，于是AI和圆BOE相切于I。

而且既然$\angle AIC$大于$\angle ABC$，因为它张了一个较大的弧，那么就有，$\angle SIN$也大于$\angle ABC$。

因此$\overparen{IES}$大于$\overparen{BO}$，从而靠圆心更近的直线CS就比CB更长。由此即得CO大于CI，因为$SC:CB=OC:CI$。

如果像在下图中那样，$\overparen{BIC}$小于四分之一圆周，则这一结果将更加引人注意。因为那时垂线DB将和圆CIB相交，而$BD=DI$也如此；$\angle DIA$将是钝角，从而直线AIN将和圆BIE相交。

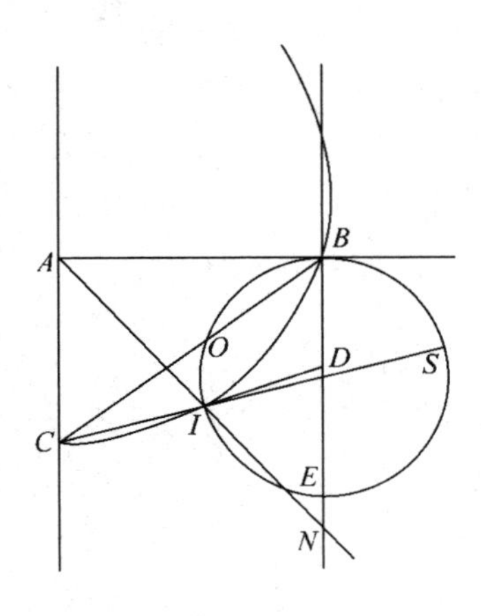

既然$\angle ABC$小于$\angle AIC$，而$\angle AIC$等于$\angle SIN$，但$\angle ABC$仍小于I处的切线可以和直线SI所成的角，由此可见$\overset{\frown}{SEI}$比$\overset{\frown}{BO}$大得多，如此等等。

证毕。

定理 22　命题 36

如果从一个竖直圆的最低点画一根弦，所张的弧不超过圆周的四分之一，并从此弦的两端画另外两根弦到弧上的任意一点，则沿此二弦的下降时间将短于沿第一弦的下降时间。而且以相同的差值短于沿该二弦中较低一弦的下降时间。

设 $\overparen{CBD}$ 为不超过一个象限的圆弧，取自一个竖直的圆，其最低点为 C。设 CD 是张着此弧的弦，并设有二弦从 C 和 D 画到弧上的任一点 B。

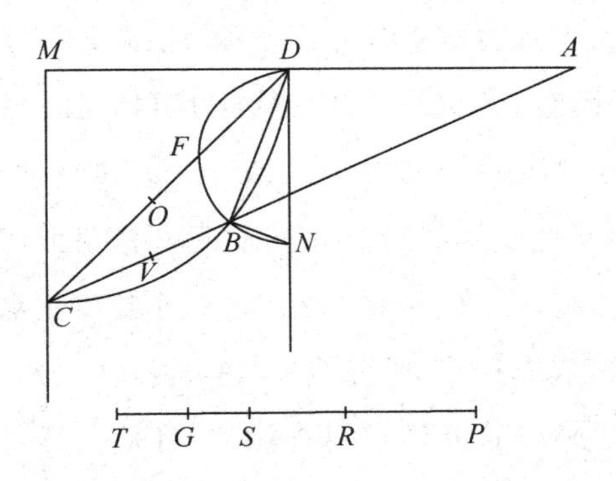

于是我说,沿两弦 DB 和 BC 的下降时间小于只沿 DC 或在 B 处从静止开始只沿 BC 的下降时间。

通过点 D 画水平线 MDA 交 CB 的延长线于 A;画 DN 和 MC 垂直于 MD,并画 BN 垂直于 BD;绕直角 DBN 画半圆 $DFBN$,交 DC 于 F。

选一点 O,使得 DO 将是 CD 和 DF 之间的一个比例中项。同样,选点 V,使得 AV 成为 CA 和 AB 之间的一个比例中项。

设长度 PS 代表沿要求相同时间的整个距离 DC 或 BC 的下降时间。

取 PR,使得 $CD:DO=$时间 $PS:$时间 PR。于是 PR 就将代表一物体从 D 开始即将通过距离 DF 的时间,而 RS 则量度物体即将通过其余距离 FC 的时间。

但是既然 PS 也是在 B 处从静止开始而沿 BC 的降落时间,而且,如果我们选取点 T,使得 $BC:CD=PS:PT$,则 PT 将量度从 A 到 C 的下降时间,因为我们已经证明(见引理)DC 是 AC 和 CB 之间的一个比例中项。

最后,选取点 G,使得 $CA:AV=PT:PG$,则 PG 将是从 A 到 B 的下降时间,而 GT 将是从 A 下降到 B 以后沿 BC 的剩余下降时间。

但是,既然圆 DFN 的直径 DN 是一条竖直的线,二弦 DF 和 DB 就将在相等的时间内被通过;因此,如果能够证明一个物体在沿 DB 下降以后通过 BC 所用的时间短于它在沿 DF 下降以后通过 FC 所用的时间,就已经证明了此定理。

但是,一物体从 D 开始沿 DB 下降以后通过 BC 所用的时间,和它从 A 开始沿 AB 下降所用的时间相同,因为在沿 DB 或沿 AB 的下降中,物体将得到相同的动量。

因此,剩下来的只要证明,在 AB 以后沿 BC 的下降比 DF 以后沿 FC 的下降为快。

我们已经证明,GT 代表在 AB 之后沿 BC 下降的时间,以及 RS 量度在 DF 之后沿 FC 下降的时间。

因此,必须证明 RS 大于 GT。这一点可以证明如下:既然 $SP:PR=CD:DO$,那么,由反比定理和比例转换,就有 $RS:SP=OC:CD$;此外又有 $SP:PT=DC:CA$。

而且,既然 $TP:PG=CA:AV$,那么,由反比定理,就有 $PT:TG=AC:CV$,因此,就有 $RS:GT=OC:CV$。

但是,我们很快就会证明,OC 大于 CV,因此,时间 RS 大于时间 GT。这就是想要证明的。

现在,既然(见引理)CF 大于 CB 而 FD 小于 BA,那么就有 $CD:DF>CA:AB$。

但是,注意到 $CD:DO=DO:DF$,故有 $CD:DF=CO:OF$,而且还有 $CA:AB=CV^2:VB^2$,因此 $CO:OF>CV:VB$,而按照以上的引理,$CO>CV$。此外,也很显然,沿 DC 的下降时间和沿 DBC 的时间之比,等于 DOC 和$(DO+CV)$之比。

旁　注

由以上所述可以推断,从一点到另一点的最速降落路程并不是最短的路程,即不是直线,而是一个圆弧。[①]在其一边 BC 为竖直的象限 $BAEC$ 中,将 $\overset{\frown}{AC}$ 分成任意数目的相等部分 $\overset{\frown}{AD}$、$\overset{\frown}{DE}$、$\overset{\frown}{EF}$、$\overset{\frown}{FG}$、$\overset{\frown}{GC}$,并从 C 开始向 A、D、E、F、G 各点画直线,并画出直线 AD、DE、EF、

① 众所周知,恒定作用力条件下最速降落问题的最初正确解,是由约翰·伯努利给出的。——英译者

FG、*GC*。

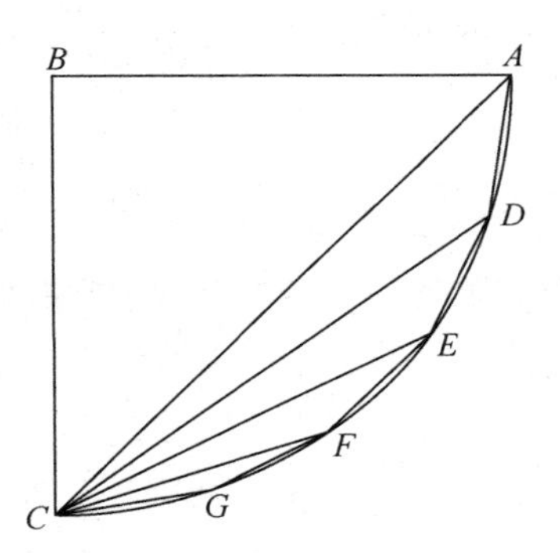

显然,沿路程 *ADC* 的下降比只沿 *AC* 或在 *D* 从静止开始而沿 *DC* 的下降更快。但是,一个在 *A* 处从静止开始下降的物体却将比沿路程 *ADC* 更快地经过 *C*;而如果它在 *A* 从静止开始,它就将在一段较短的时间内通过路径 *DEC*,比只通过 *DC* 的时间更短。因此,沿三个弦 *ADEC* 的下降将比沿两个弦 *ADC* 的下降用时更少。

同理,在沿 *ADE* 的下降以后,通过 *EFC* 所需的时间,短于只通过 *EC* 所需的时间。因此,沿四个弦 *ADEFC* 的下降比沿三个弦 *ADEC* 的下降更加迅速。

而到最后,在沿 *ADEF* 下降以后,物体将通过两个弦 *FGC*,比只通过一个弦 *FC* 更快。

因此,沿着五个弦 $ADEFGC$,将比沿着四个弦 $ADEFC$ 下降得更快。

结果,内接多边形离圆周越近,从 A 到 C 的下降所用的时间也越少。

针对一个象限证明了的结果,对于更小的圆弧也成立,推理是相同的。

问题15　命题37

已给高度相等的一根竖直线和一个斜面，要求在斜面上找出一个距离，它等于竖直线而且将在等于沿竖直线下落时间的一段时间内被通过。

设 AB 为竖直线而 AC 为斜面。我们必须在斜面上定出一段等于竖直线 AB 的距离，而且它将被一个在 A 处从静止开始的物体在沿竖直线下落所需的时间内所通过。

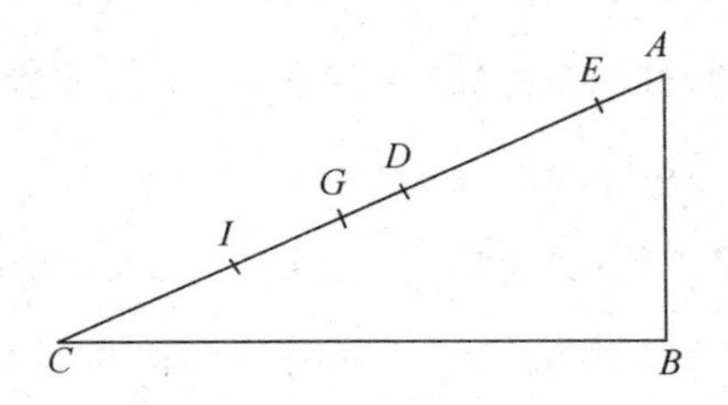

取 AD 等于 AB，并将其余部分 DC 在 I 点等分。选一点 E，使得 $AC : CI = CI : AE$，并取 DG 等于 AE。显然，EG 等于 AD，从而也等于 AB。

而且我说，EG 就是那个距离，即它将被一个在 A 处从静止开始下落的物体在和通过距离 AB 而落下所需的时间相等的时间内所通过。

因为，既然 $AC:CI=CI:AE=ID:DG$，那么，由比例转换，我们就有 $CA:AI=DI:IG$。而且既然整个的 CA 和整个的 AI 之比等于部分 CI 和部分 IG 之比，那么就得到，余部 IA 和余部 AG 之比等于整个的 CA 和整个的 AI 之比。于是就看到，AI 是 CA 和 AG 之间的一个比例中项，而 CI 是 CA 和 AE 之间的一个比例中项。

因此，如果沿 AB 的下落时间用长度 AB 来代表，则沿 AC 的时间将由 AC 来代表，而 CI，或者 ID，则将量度沿 AI 的时间。

既然 AI 是 CA 和 AG 之间的一个比例中项，而且 CA 是沿整个距离 AC 的下降时间的一种量度，那么可见 AI 就是沿 AG 的时间，而差值 IC 就是沿差量 GC 的时间，但 DI 是沿 AE 的时间。

由此即得，长度 DI 和 IC 就分别量度沿 AE 和 CG 的时间。因此，余部 DA 就代表沿 EG 下落的时间，而

这当然等于沿 AB 的时间。

证毕。

推论　由此显而易见,所求的距离在每一端都被斜面的部分所限定,该两部分是在相等的时间内被通过的。

问题 16　命题 38

已知两个水平面被一条竖直线所穿过，要求在竖直线的上部找出一点，使得物体可以从该点落到二水平面，当运动转入水平方向以后，将在等于下落时间的一段时间内在二水平面上走过的距离互成任意指定大、小二量之比。

设 CD 和 BE 为水平面，和竖直线 ACB 相交，并设一较小量和一较大量之比为 N 和 FG 之比。要求在竖直线 AB 的上部找出一点，使得一个从该点落到平面

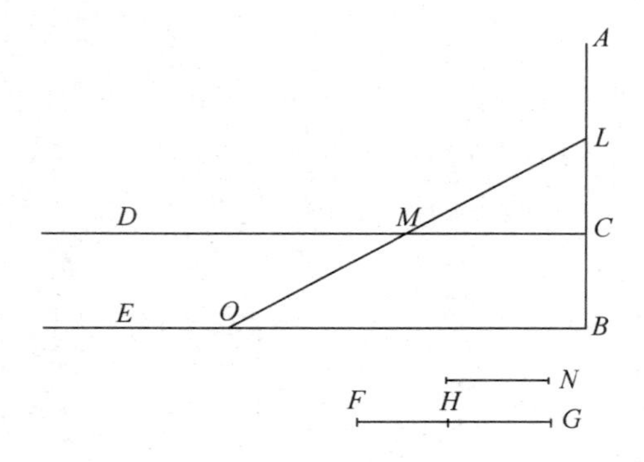

CD 上并在那里将运动转为沿该平面方向的物体将在和它的下落时间相等的一个时段内通过一个距离，而且，如果另一个物体从同点落到平面 BE 上并在那儿把运动转为沿这一平面方向继续运动并在等于其下落时间的一个时段内通过一段距离，而这一距离和前一距离之比等于 FG 和 N 之比。

取 GH 等于 N，并选一点 L，使得 $FH:HG=BC:CL$。于是我说，L 就是所求的点。因为，如果我们取 CM 等于 2 倍 CL，并画直线 LM 和平面 BE 交于 O 点，则 BO 将等于 2 倍 BL。

而既然 $FH:HG=BC:CL$，由合比定理和比例转换，就有 $HG:GF=N:GF=CL:LB=CM:BO$。

很明显，既然 CM 是距离 LC 的 2 倍，CM 这段距离就是一个从 L 通过 LC 落下的物体将在平面 CD 上通过的。

同理，既然 BO 是距离 BL 的 2 倍，那么就很明显，BO 就是一个物体在通过 LB 落下之后在等于它通过 LB 的下落时间的一个时段内所将通过的距离。

萨格：确实，我认为，我们可以毫不过誉地同意我们的院士先生的看法,即他在本书中奠定的原理(指加速运动)上,他已经建立了一门处理很老的问题的新科学。注意到他是多么轻松而清楚地从单独一条原理推导出这么多条定理的证明,我颇感纳闷的是,这样一个问题怎么会逃过了阿基米德、阿波罗尼亚斯、欧几里得和那么多别的数学家以及杰出哲学家的注意,特别是既然有那么多鸿篇巨制已经致力于运动这一课题。

萨耳:欧几里得的著作中有一片段处理过运动,但是在那里却没有迹象表明他哪怕仅仅是曾经开始考察加速度的性质以及它随斜率而改变的问题。因此我们可以说,门现在被打开了,第一次向着一种新方法打开了。这种新方法带来为数很多的和奇妙的结果,它们在未来将吸引其他思想家的注意。

萨格:我确实相信,例如正像欧几里得在他的《几何原本》第三卷中证明的圆的几种性质导致了许多更加深奥的其他性质那样,在这本小书中提出的原理,当引起耽于思维的人们的注意时,也将引向许多别的更加惊人的结果。而且应该相信,由于课题的能动性,情况必将如此,这种课题是超出于自然界中任何其他课题之上的。

在今天这漫长而辛苦的一天,我更多地欣赏了这些简单的定理,胜过欣赏它们的证明;其中有许多定理,由于它们完备的概括性,将各自需要一个小时以上的推敲和领会。如果你能把这本书借给我用一下,等咱们读完了剩下的部分以后,我将在有空时开始这种研习。剩下的部分处理的是抛射体的运动,如果你们同意,咱们明天再接着读吧。

萨耳: 我一定前来奉陪。

第三天终

下　篇

学习资源

Learning Resources

扩展阅读

数字课程

思考题

阅读笔记

扩展阅读

书　名：关于两门新科学的对谈(全译本)

作　者：[意]伽利略　著

译　者：戈革　译

出版社：北京大学出版社

全译本目录

数字课程

请扫描“科学元典”微信公众号二维码,收听音频。

思考题

1. 伽利略所说的两门“新科学”，是指哪两门科学？为什么说这两门科学是“新”的科学？

2. 请结合文艺复兴的时代背景，比较《关于两门新科学的对话》与古希腊哲学家柏拉图《对话录》的写作体例和写作风格。

3. 《关于两门新科学的对话》使用了什么研究方法？这种研究方法与以前的研究方法有什么根本区别？

4. 请总结写出伽利略研究方法的主要步骤。

5. 亚里士多德认为物体自由下落时,重的物体比轻的物体下落的速度要快。伽利略是如何论证这种观点是错误的?

6. 伽利略是否明确区分了瞬时速度和平均速度的概念?

7. 你认为,伽利略的斜面实验还有哪些可以改进的地方?

8.《关于两门新科学的对话》内容由对话者分四天完成,请阅读《关于两门新科学的对话》完整版,了解第一天、第二天和第四天的对话内容。

9. 请查阅文献,了解伽利略在其他方面的科学贡献。

10. 为什么说伽利略是“近代科学之父”?查阅资料,和同学一起讨论近代科学的主要特征。

阅读笔记

科学元典丛书

已出书目

1 天体运行论 [波兰]哥白尼
2 关于托勒密和哥白尼两大世界体系的对话 [意]伽利略
3 心血运动论 [英]威廉·哈维
4 薛定谔讲演录 [奥地利]薛定谔
5 自然哲学之数学原理 [英]牛顿
6 牛顿光学 [英]牛顿
7 惠更斯光论(附《惠更斯评传》) [荷兰]惠更斯
8 怀疑的化学家 [英]波义耳
9 化学哲学新体系 [英]道尔顿
10 控制论 [美]维纳
11 海陆的起源 [德]魏格纳
12 物种起源(增订版) [英]达尔文
13 热的解析理论 [法]傅立叶
14 化学基础论 [法]拉瓦锡
15 笛卡儿几何 [法]笛卡儿
16 狭义与广义相对论浅说 [美]爱因斯坦
17 人类在自然界的位置(全译本) [英]赫胥黎
18 基因论 [美]摩尔根
19 进化论与伦理学(全译本)(附《天演论》) [英]赫胥黎
20 从存在到演化 [比利时]普里戈金
21 地质学原理 [英]莱伊尔
22 人类的由来及性选择 [英]达尔文
23 希尔伯特几何基础 [德]希尔伯特
24 人类和动物的表情 [英]达尔文
25 条件反射:动物高级神经活动 [俄]巴甫洛夫
26 电磁通论 [英]麦克斯韦
27 居里夫人文选 [法]玛丽·居里
28 计算机与人脑 [美]冯·诺伊曼
29 人有人的用处——控制论与社会 [美]维纳
30 李比希文选 [德]李比希
31 世界的和谐 [德]开普勒
32 遗传学经典文选 [奥地利]孟德尔 等
33 德布罗意文选 [法]德布罗意
34 行为主义 [美]华生
35 人类与动物心理学讲义 [德]冯特
36 心理学原理 [美]詹姆斯
37 大脑两半球机能讲义 [俄]巴甫洛夫
38 相对论的意义:爱因斯坦在普林斯顿大学的演讲 [美]爱因斯坦
39 关于两门新科学的对谈 [意]伽利略
40 玻尔讲演录 [丹麦]玻尔
41 动物和植物在家养下的变异 [英]达尔文

42 攀援植物的运动和习性 [英] 达尔文
43 食虫植物 [英] 达尔文
44 宇宙发展史概论 [德] 康德
45 兰科植物的受精 [英] 达尔文
46 星云世界 [美] 哈勃
47 费米讲演录 [美] 费米
48 宇宙体系 [英] 牛顿
49 对称 [德] 外尔
50 植物的运动本领 [英] 达尔文
51 博弈论与经济行为（60 周年纪念版） [美] 冯·诺伊曼 摩根斯坦
52 生命是什么（附《我的世界观》） [奥地利] 薛定谔
53 同种植物的不同花型 [英] 达尔文
54 生命的奇迹 [德] 海克尔
55 阿基米德经典著作 [古希腊] 阿基米德
56 性心理学、性教育与性道德 [英] 霭理士
57 宇宙之谜 [德] 海克尔
58 植物界异花和自花受精的效果 [英] 达尔文
59 盖伦经典著作选 [古罗马] 盖伦
60 超穷数理论基础（茹尔丹 齐民友 注释） [德] 康托
61 宇宙（第一卷） [德] 亚历山大·洪堡
62 圆锥曲线论 [古希腊] 阿波罗尼奥斯
化学键的本质 [美] 鲍林

科学元典丛书（彩图珍藏版）

自然哲学之数学原理（彩图珍藏版） [英] 牛顿
物种起源（彩图珍藏版）（附《进化论的十大猜想》） [英] 达尔文
狭义与广义相对论浅说（彩图珍藏版） [美] 爱因斯坦
关于两门新科学的对话（彩图珍藏版） [意] 伽利略
海陆的起源（彩图珍藏版） [德] 魏格纳

科学元典丛书（学生版）

1 天体运行论（学生版） [波兰] 哥白尼
2 关于两门新科学的对话（学生版） [意] 伽利略
3 笛卡儿几何（学生版） [法] 笛卡儿
4 自然哲学之数学原理（学生版） [英] 牛顿
5 化学基础论（学生版） [法] 拉瓦锡
6 物种起源（学生版） [英] 达尔文
7 基因论（学生版） [美] 摩尔根
8 居里夫人文选（学生版） [法] 玛丽·居里
9 狭义与广义相对论浅说（学生版） [美] 爱因斯坦
10 海陆的起源（学生版） [德] 魏格纳
11 生命是什么（学生版） [奥地利] 薛定谔
12 化学键的本质（学生版） [美] 鲍林
13 计算机与人脑（学生版） [美] 冯·诺伊曼
14 从存在到演化（学生版） [比利时] 普里戈金
15 九章算术（学生版） 〔汉〕张苍 耿寿昌
16 几何原本（学生版） [古希腊] 欧几里得